URBAN

PLANNING

QUICK

DESIGN

URBAN PLANNING QUICK DESIGN

城市规划／快题设计

刘红丹　著

辽宁美术出版社

图书在版编目（ＣＩＰ）数据

城市规划快题设计 / 刘红丹著. — 沈阳 ：辽宁美
术出版社，2017.11

ISBN 978-7-5314-7709-9

Ⅰ．①城… Ⅱ．①刘… Ⅲ．①城市规划—建筑设计
Ⅳ．①TU984

中国版本图书馆CIP数据核字（2017）第221252号

出 版 者：辽宁美术出版社
地　　址：沈阳市和平区民族北街29号　邮编：110001
发 行 者：辽宁美术出版社
印 刷 者：沈阳博雅润来印刷有限公司
开　　本：889mm×1194mm　1/16
印　　张：8.25
字　　数：200千字
出版时间：2017年11月第1版
印刷时间：2017年11月第1次印刷
责任编辑：彭伟哲
封面设计：王　楠
责任校对：郝　刚
ISBN 978-7-5314-7709-9
定　　价：48.00元

邮购部电话：024-83833008
E-mail：lnmscbs@163.com
http://www.lnmscbs.com
图书如有印装质量问题请与出版部联系调换
出版部电话：024-23835227

近年来很多高校把原来的城市规划专业更改为城乡规划专业，从名字上不难区分，城乡规划的命题更为广泛和全面，但是在各大高校的快题考试当中大多题型还是与原来的教学体系和传统有一定的承接关系，很大比例的考题仍以城市规划的知识点为考点，并将城乡规划的内容容纳其中，因此本书将历年的城市规划的考点总结归纳，并加入了新的考点解析内容，希望能对广大的考生有所帮助。

1.基本概念简介

"城市规划"是研究城市的未来发展、城市的合理布局和综合安排城市各项工程建设的综合部署，是一定时期内城市发展的蓝图，是城市管理的重要组成部分，是城市建设和管理的依据，也是城市规划、城市建设、城市运行三个阶段管理的前提。城市规划是以发展眼光、科学论证、专家决策为前提，对城市经济结构、空间结构、社会结构发展进行规划。具有指导和规范城市建设的重要作用，是城市综合管理的前期工作，是城市管理的龙头。城市规划是为了实现一定时期内城市的经济和社会发展目标，确定城市性质、规模和发展方向，合理利用城市土地，协调城市空间布局和各项建设所做的综合部署和具体安排。城市规划是建设城市和管理城市的基本依据，在确保城市空间资源的有效配置和土地合理利用的基础上，是实现城市经济和社会发展目标的重要手段之一。

2.城市规划考前须知（城乡规划快题学员的基本素质）

城市规划建设主要包含两方面的含义，即城市规划和城市建设。所谓城市规划是指根据城市的地理环境、人文条件、经济发展状况等客观条件制定适宜城市整体发展的计划，从而协调城市各方面发展，并进一步对城市的空间布局、土地利用、基础设施建设等进行综合部署和统筹安排的一项具有战略性和综合性的工作。所谓城市建设是指政府主体根据规划的内容，有计划地实现能源、交通、通讯、信息网络、园林绿化以及环境保护等基础设施建设，是将城市规划的相关部署切实实现的过程，一个成功的城市建设要求在建设的过程中实现人工与自然完美结合，追求科学与美感的有机统一，实现经济效益、社会效益、环境效益的共赢。

城市规划快题设计是城市规划人才所必备的技能之一，也是备用人单位招募设计人员以及各高校选拔人才的重要方式。城市规划快题设计要求以最小的篇幅涵盖尽可能多的信息量，帮助读者快速掌握城市规划快题设计的要点，并针对城市规划快题考试的要求，总结出各方面的应试策略。

3.考生考前基本要求

城市规划快题要求考生在3～8小时，或者在一个规定时间内，完成一个完整地段的规划方案和图纸表达，是对考生基本知识熟悉度、基本能力熟悉度和应试准备充分度的全面考查。以下是对考生的一些应试的基本要求。

①知识要求

观念知识—要求考生对城市科学有一点的认识，明确城市在经济、社会、文化、生态等方面的价值取向。

规划知识—要求考生掌握城市规划的一般方法和技术路线，熟悉城市不同类型用地的布局特征和相互关系，熟悉空间布局模式、结构和形态等城市规划的基础知识。

建筑知识—要求考生掌握有关各类建筑的相关知识。掌握这些建筑的功能构成，平面形态等城市规划的基础知识。

外部环境知识—要求考生熟悉外部环境要素的功能构成、平面形态、布局特征和设计要点，熟悉建筑和外部环境，主要包括地形、地貌、绿化、水体等背景要素，道路、广场、庭院、绿化、水体、停车场和运动场等设计要素。

②能力要求

分析研究能力—要求考生能确定任务书上的任务，抓住题眼。

综合概括能力—要求考生能够明确分析目标，确立概念，利用题目的充分条件进行规划，使整体规划符合场地等大的特征环境又是一个完整的有机体。

空间塑造能力—要求考生具备整体规划意识和空间所造形体的能力。要具有较强的空间想象力、创造力和设计能力。

图面表达能力—要求考生不仅具备良好的设计能力和扎实的基础知识，更要求考生有一定表达能力和审美要求。要求具有一定的准确性和艺术性，能够很好地将自己的意图表达出来。

③应试要求

对基础知识的熟悉度-要求考生对城市规划的相关知识以及设计要点。

考前的准备—要求考前做好心理上和其他方面的准备工作，这里包括考试时所需的物品等的准备。

4.成果内容要求

①现状调研

本次研究需建立在大量实地调研的基石之上的现状资料、各行业人群对宁波城市的看法和建议以及相关规划的实施情况，都是我们本次课题研究的立论基础。因此，现状调研工作分三次进行，采取现场调研、问卷调查、人物访谈三种形式，本次调研共发放问卷200份，访谈多个相关部门，历时一个月，参与人数10人。

②对策研究

包括城市活力点塑造、城市慢行系统打造、城市风情特色营造。

③策略提出

宏观层面：就整个城市环境品质的提升，提出策略；

中观层面：就每个区的特点，提出相应策略；

微观层面：选择一个活力塑造点、慢行道、风情街区，具体提出示范性的策略与针对城市环境品质提升的评估体系。

5.城市规划快题设计类型

①根据城市规划工作阶段和工作目标的不同，城市规划设计可以大致分为城市整体规划、城市详细规划和城市设计三种类型。

城市整体规划—主要包括城乡总体规划、区域总体规划、园区总体规划、都市区总体规划、开发区总体规划、高新区总体规划。是指对一定时期内城市性质、发展目标、发展规模、土地利用、空间布局以及各项建设的综合部署和实施措施。

城市详细规划—城市详细规划是以城市总体规划或分区规划为依据，对一定时期内城市局部地区的土地利用、空间环境和各项建设用地所做的具体安排，是按城市总体规划要求，对城市局部地区近期需要建设的房屋建筑、市政工程、公用事业设施、园林绿化、城市人防工程和其他公共设施做出具体布置的规划。

城市设计—城市设计（又称都市设计）的具体定义在建筑界通常是指以城市作为研究对象的设计工作，介于城市规划、景观建筑与建筑设计之间的一种设计。相对于城市规划的抽象性和数据化，城市设计更具有具体性和图形化；但是，因为二十世纪中叶以后实务上的都市设计多半是为景观设计和建筑设计提供指导、参考架构，因而与具体的景观设计或建筑设计有所区别。

②特点与深度

作为城市规划快题最常见的类型，详细规划和城市设计类题目适合在几个小时内完成从构思到表达的特殊要求，通过方案的合理性、技术性和准确性比较全面地展现应试者的专业素质和综合能力。

以城市住宅区设计为例，应试者需要在规划时间内完成分析用地周边条件和潜在价值、形成规划结构、进行组团布局、细化建筑群落、核算技术经济指标等一系列工作。

6.设计说明范本、方案范本示范

①规划构思：项目以"一带、两轴、五个基本点"的商业规划为总体构思，在一个平面上形成了丰富的空间，并且以室内中庭为核心，进行商业资源的集中和发散，比较有效地解决了商业空间单调和单层平面面积过大的问题，并使得顾客在其中购物时具有清晰的方向感。

②以"飞天走廊"为突出特色：飞天走廊是近2万平方米的空中室内步行街，结合业态规划，以景观为目的将底层人流吸引到顶层，形成浮动比例的吸客效应。飞天走廊结构布局的独特性和商业规划的领先性，将带来强大的项目区别性，进而升华到品牌的认识，在体验的过程中消费者产生认可，可推动魏都大道商业广场的成型。

③交通系统：基地的车行系统实现人车分流，地下车库全地库设计，步行系统采用了复合式的步行交通体系，商业人流主线贯穿于整个基地，构架串联起各个商场，实现了商业空间利用最大化。

④空间设计：空间呈现大广场与商业街步行街结合、多层次开放格局，充分利用屋顶作为休憩观景场地，商业整体由西向东呈跌落梯田布局，创造一个环境优美，富有新奇体验的商业广场。

7.评判标准

要求设计方案能够明确并很好地完成任务（定位，定性，定量）、整体设计方案结构规划系统（外部练习，内部练习）、整体方案系统设计（道路交通，建设水平等的中和设计能力）。

衡量一个方案设计水平的高低主要体现在以下几个方面：一，知识的丰富度（观念知识，规划知识，建筑知识，外部环境知识）二，能力的要求（分析研究能力，综合概括能力，空间塑造能力，图面表达能力）三，应试能力（基础知识的熟悉度，基本能力的掌握度，考试准备的充分度）。

「目录」

第一天

「城乡规划快题设计的考前准备及相关知识入门讲解」

首先，把前期的准备工作做好，并且简单了解一些相关知识。

1. 工具准备

城市规划快题设计的常用工具有图纸（普通纸张、牛皮纸、透明纸张）、绘图笔（铅笔、速写钢笔、制图笔、马克笔、彩色铅笔等）及其他工具（比例尺、圆板、圆规、云板、橡皮等）。

2. 色彩

平面图属于二维图，因此图面表达也应该存在一定的立体关系。在马克笔、彩铅及其他上色技巧的表达上，应该力求整体的统一与和谐。通常情况下，建筑物以留白为主，但是应该用标注的形式明确建筑物的性质功能用途以及楼层高度。地面部分主要包括了几个部分，其中最为主要的有绿地、植物、广场、道路及水系等。在上色技巧上，为了能更好地区分出平面图的立体关系，通常以上色的轻重度来区分高度，比如说，地面的高度最低，如果地面上色为深色，那么根据高差，其他的部分上色依次减弱，反之，如果地面的上色定为浅色，整个平面图的上色根据高差的变化依次加深。同时要注意，在上色的时候很多初学者定基本色调的时候只考虑到了单一色彩的美观，往往忽略了整体的协调性，比如色彩的饱和度、色彩的高中低调对比关系等。要想掌握好平面图的上色技巧，通常要大量地练习，熟能生巧。

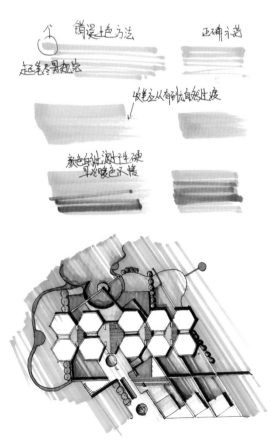

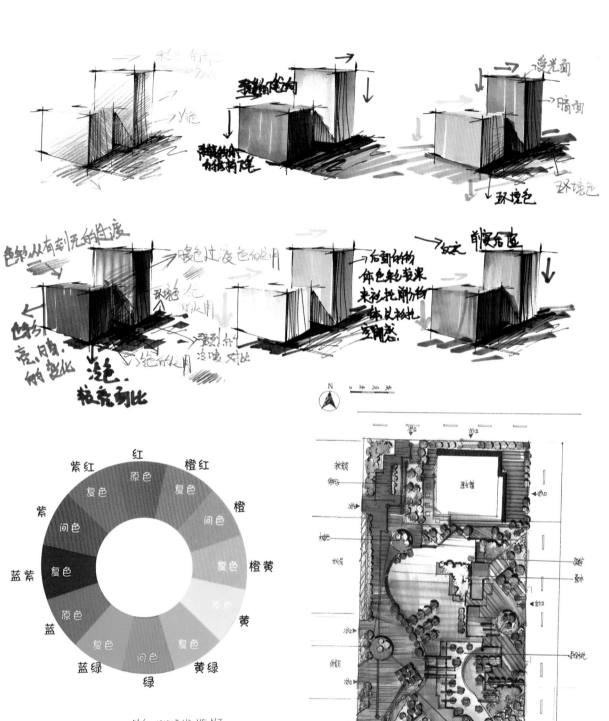

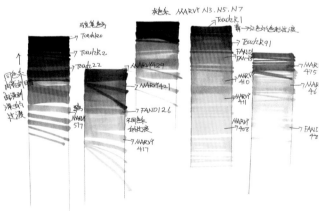

为城市广场设计平面图，该方案着重展示大面积铺装的基本上色技巧。

物体表面色彩的形成取决于三个方面：光源的照射、物体本身反射一定的色光、环境与空间对物体色彩的影响。

光源色：由各种光源发出的光，光波的长短、强弱、比例性质的不同形成了不同的色光，称为光源色。

物体色：物体色本身不发光，它是光源色经过物体的吸收反射，反映到视觉中的光色感觉，这些本身不发光的色彩统称为物体色。

暖色：给人以温馨、和谐、温暖感觉的颜色，如红色、橙色和黄色。

冷色：给人以阴凉、宁静感觉的颜色，如蓝色、青色和绿色。

冷暖对比：由于色彩感觉的冷暖差别而形成的色彩对比，称为冷暖对比。色彩的冷暖对比还受明度与纯度的影响，白光反射率高而感觉冷，黑色吸收率高而感觉暖。

←通过控笔力度的大小，来区分色彩的轻重→

用色彩的冷暖关系来进行过渡 ←暖，冷→

不同色系间冷暖色相互穿插，过渡

←红 蓝→

←黄 绿→

同色系,通过对色彩轻重度（亮度）的把握来进行过渡

←重 轻→

←重 轻→

为小面积广场的彩铅上色技法，可以对照参考，灵活运用，掌握不同的技巧。

第二天

「图面表达技能讲解」

优化表达技巧，其中包括字体、整体版面排版及平面图上色技巧，常用技术经济指标的讲解，效果图提高等技能的讲解及训练。

1. 常用技术经济指标

技术经济指标是指通过对量的控制来衡量规划质量和综合效益，也是评判一个设计提案是否符合题意的主要依据。任何一个规划设计方案都必须依附有必要的技术经济指标。当然，技术数据的详尽和精确程度是随着方案的不断深化而逐渐提高的。

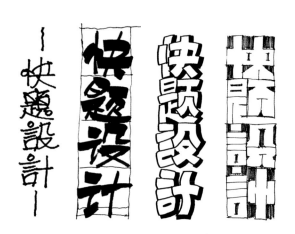

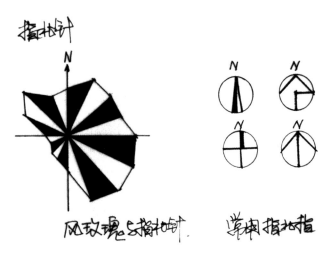

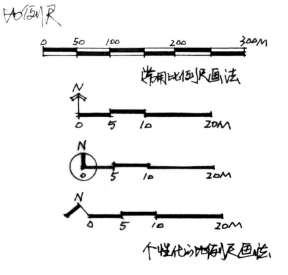

时间安排：

考研快题考试时间多为180分钟，整场时间安排紧凑，需全神贯注进行作图，科学合理地安排时间在考试中发挥着重要的作用。以下是根据历届高分考生的考试经验总结并推荐给大家使用的时间安排。1.15分钟用来构思；2.15分钟进行草图设计；3.60分钟完成平面图的绘制（得分重点）；4.30分钟完成效果图；5.25分钟完成立面图和剖面图；6.10分钟进行文字的起草和誊写工作；7.20分钟进行复查（很多考生忽略了这一环节，事实上实践告诉我们这一环节至关重要）。

考题分析：

审题是决定考试成功的重要一步，如同大船的船舵，方向的正确与否从本质上决定了力气有没有使对方向，所以考生要做的第一步是仔细阅读题目和要求，在了解题目、要求、比例以后，注意以下几个方面：

1.对场地周边环境进行综合考量。举例说明：如场地要求考生设计一个公园，周边一侧有一所小学，那设计的时候就要注意，在靠学校一侧设置植被进行遮挡，将噪声和学生活动进行隔离。

2.对场地原有特征进行保留。景观设计的主旨是通过后期的设计提升场地的使用价值，因此，毫无疑问，充分地利用原场地的所有物进行改造，能够展示场地原有属性并且节省造价，是景观设计中常用的手法。

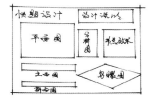 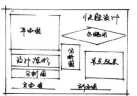
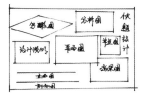 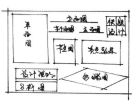
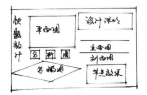

3.植物搭配。在设计中，植物的搭配一直是极为重要的一环。首先是由于其占地面积大；其次，植物造景是一种常用的景观手法，通过植物的搭配营造出前景、中景、后景的层次感，并且可独立成景，这也是考试中的重要考点。

注意事项：

1.审题时务必不要落题，做到各个击中，抓住考点，有的放矢。

2.构思阶段要做到：设计主题突出，设计风格统一，设计布局整体。

设计说明写作注意事项：

设计说明的内容应注意切中设计要点，用语规范通顺，在此基础上，再追求文字的优美和艺术感，根据数年的教学经验总结，设计说明中可对以下三点进行描述和扩写，当然具体视考题而定。1.生态价值；2.功能分布；3.材料考虑。

平面布局注意事项：

图纸内容主要由以下部分组成：1.标题（快题设计）；2.平面图；3.立面图；4.剖面图；5.设计说明；6.局部效果图或鸟瞰图。

在安排上述内容时注意以下几点：1.点、线、面结合；2.直线、曲线穿插利用；3.色彩的冷暖应用。

①总建筑面积：规划总用地上拥有的各类建筑的建筑面积总和。

②容积率：建筑物地上总建筑面积与规划用地面积的比值。

③建筑密度：总规划用地内各类建筑的基地面积与用地面积的比率，计算公式为建筑密度＝建筑基地面积／地块面积，单位为：％。

④绿地率：规划用地内各类绿地面积的总和与总用地面积的比率（％）。

2.道路

道路是城市的骨架，形成一个片区的主要结构要素。

居住区（含组团）不少于1.5m²／人，小区（含组团）不少于1m²／人，并根据整体规划布局统一安排、灵活使用。

①直注法：是指图形对象上标注有关信息。这种

方法最为简单直观，但只适用于标注简单信息，以不破坏画面整体效果为原则。常用直注法标注的对象包括：建筑名称、建筑层数、场地用途、路名、场地标高、道路坡度与坡向。

②近注法：是指靠近图形对象进行标注的方法。这种方法清晰易读，适用于内容比较简单的图纸。如沿街立面图、场地剖面图等。

③引线法：是将标注内容用线引出，排列引注在图纸内容以外空白处的方法。这种方法适用于标注内容分散，整体效果不容干扰的场合。如在总平面上标注环境设施的内容、名称等，或在表现图上引线标注重要地标和景观节点等，有助于强调重点设计内容。

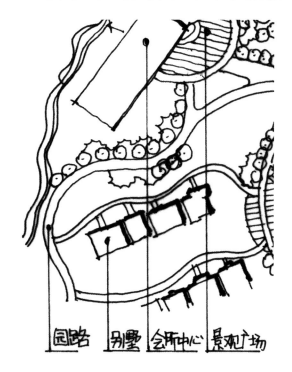

④图例法：将标注内容集中置于画面以外，以索引的方式注解标注对象。

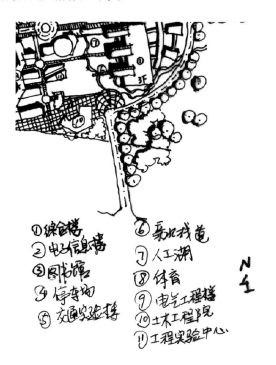

3. 透视的实际应用与讲解

透视（perspective）一词源于拉丁文"perspclre"（看透），指在平面或曲面上描绘物体空间关系的方法或技术，是一种绘画理论术语。最初研究透视是通过一块透明的平面去看景物的方法。将所见景物准确描画在这块平面上，即成该景物的透视图。后遂将在平面上根据一定原理，用线条来显示物体的空间位置、轮廓和投影的科学称为透视学。狭义透视学特指14世纪逐步确立的描绘物体，再现空间的线性透视和其他科学透视的方法。现代则由于对人的视知觉的研究，拓展了透视学的范畴、内容。广义透视学可指各种空间表现的方法。透视分三种：线透视、空气透视、隐没透视。

①一点透视又叫平行透视，是指空间或物体所有的横线都是水平的，竖线是垂直的，唯有斜线向画面中心点的方向消失。一点透视表现空间宽广、稳重、稳定、纵深感强。

②两点透视又叫成角透视，两组斜线消失在水平线上的两个灭点，所有的竖线垂直于画面。

在快题表现当中，"透视"是必须掌握的技能之一。只有把透视掌握好才能更好地把效果图的空间感、尺度感表达出来。快题当中通常用到的透视类型有一点透视和两点透视两种，因此着重讲解一点透视和两点透视在实际当中的应用。

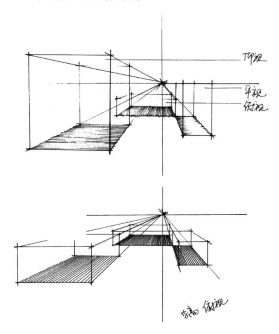

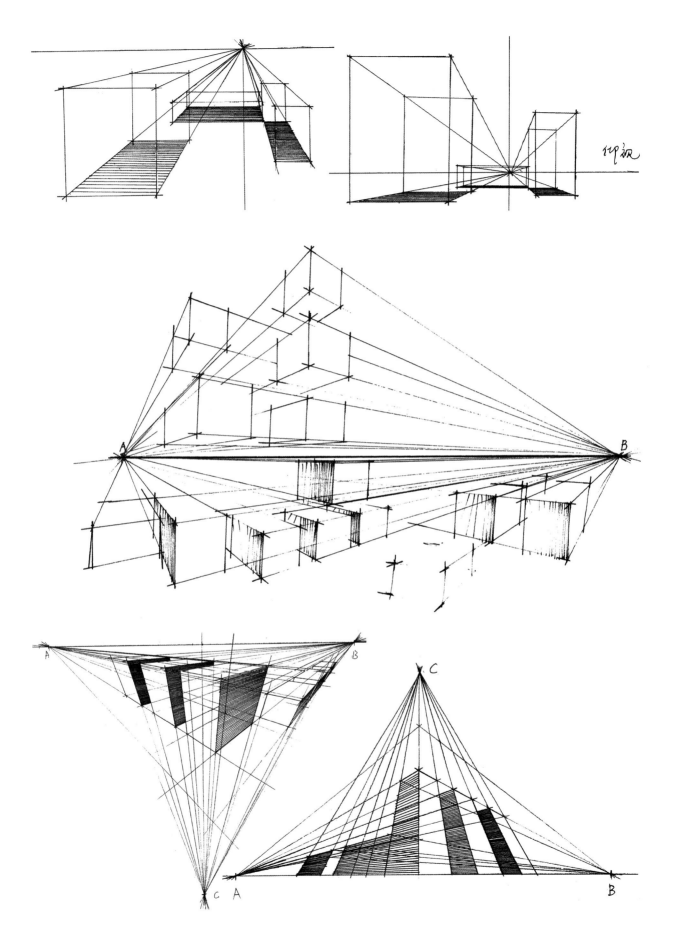

仰视

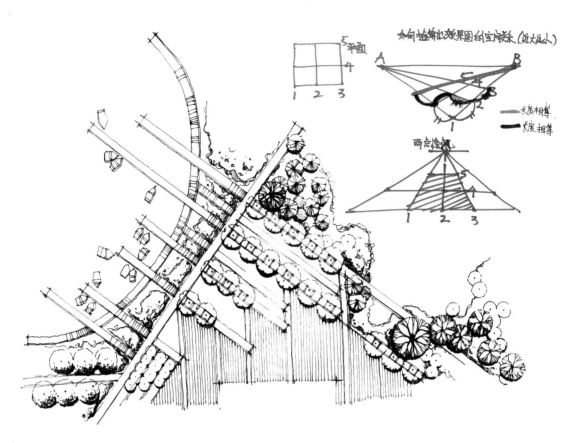

平面图线稿

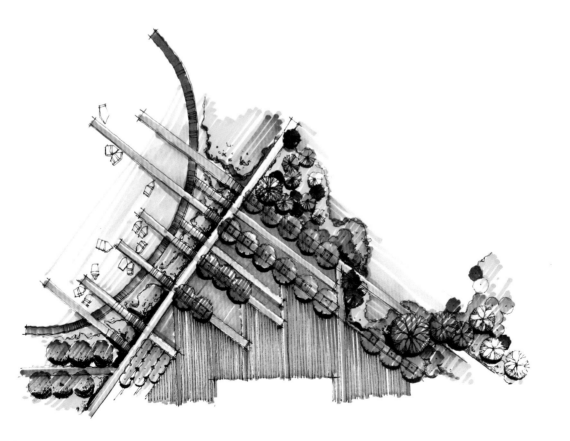

平面图着色

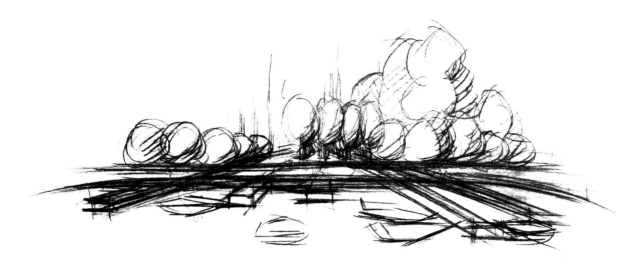

确定人视点的位置以及选用的透视类型，将大的结构勾勒出来。

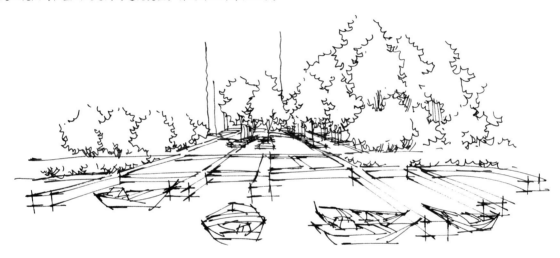

用水性笔将构想好的物体按照重点和明暗关系归纳并刻画出来。

进一步刻画。

重新确定透视关系是否准确。

用马克笔将整体画面亮面的色调表现出来。

用马克笔进一步刻画，使画面相对完整。

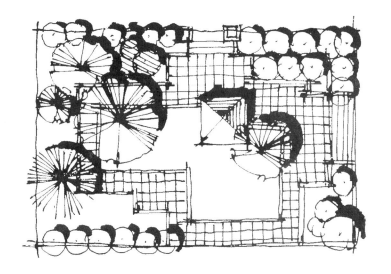

平面图。

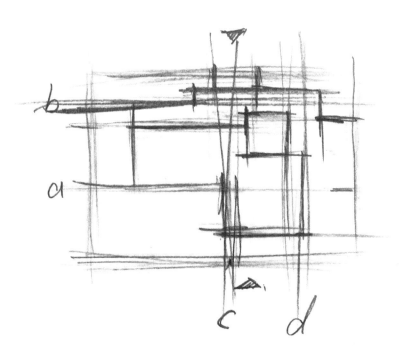

把平面图归纳总结，需要表现效果图的部分总结出几条大结构线。

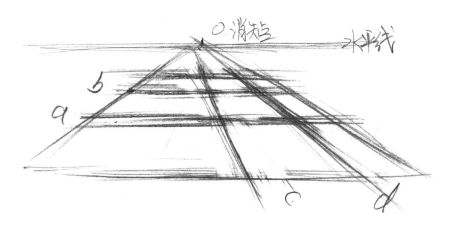

确定视平线及透视方式，找出需要刻画物体的具体位置。在水平线以下画出俯视的正方形，找出结构线。

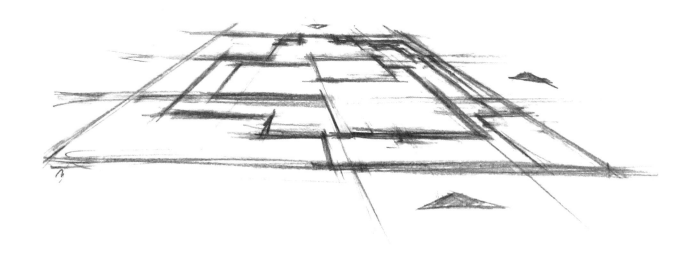

根据结构线，画出地面上的具体结构，给道路、构建物等定位。

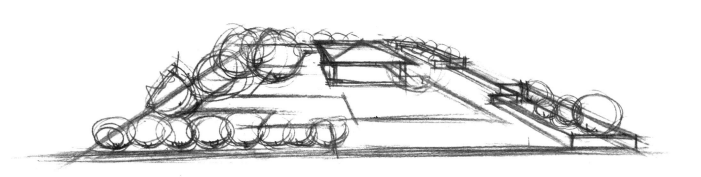

在地面上确定构建物高度，并刻画出植物。

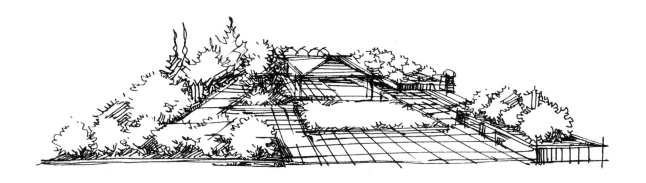

完成。

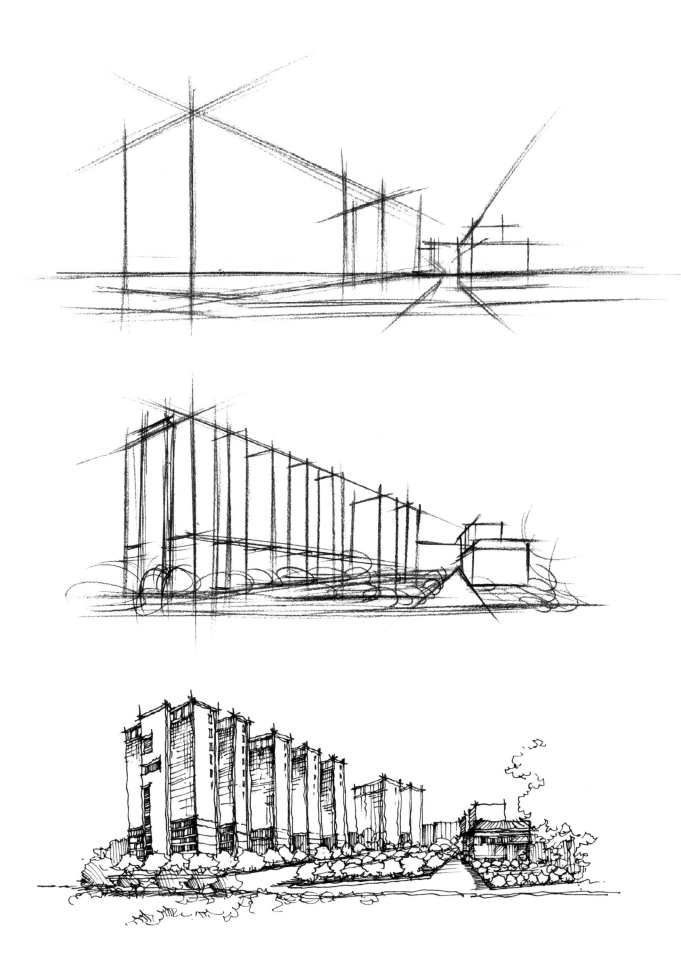

第三天
「城市中心案例讲解」

步骤一：分析图——包括主要功能分析图、景观结构分析图、交通分析图等。

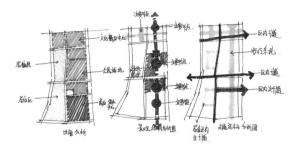

步骤二：确定好整体构图、指北针以及比例。用线条勾勒好用地范围，并确定好红线以方便设计。

步骤三：确定整体的布局，交通、流线以及整体的景观轴线。在布局时，应注意建筑物之间的界面关系。

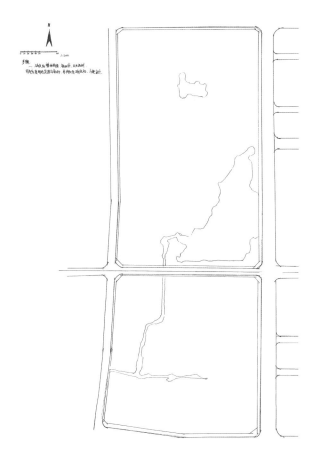

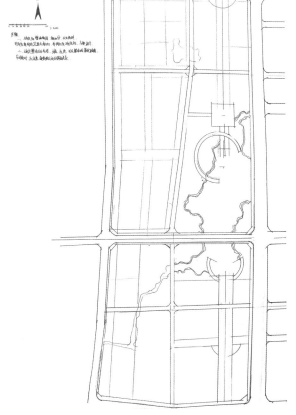

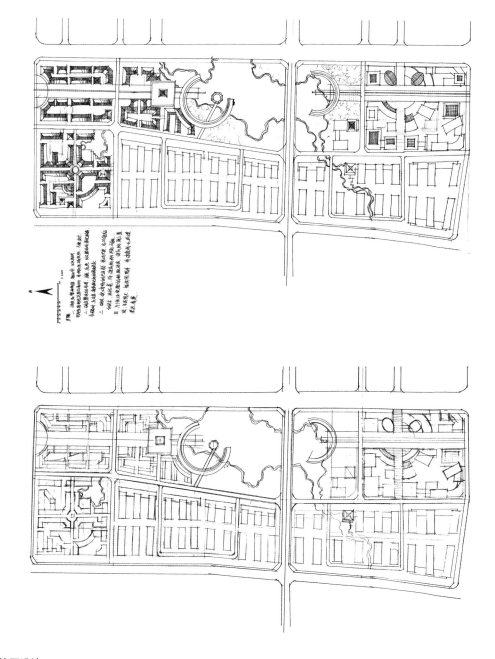

步骤五：为了保证做题的做题速度，建筑物上线时，长线用尺，短线徒手，将建筑物的纹理表达清楚。

步骤四：确定建筑物的尺度关系、景观尺度、各功能区的关系，用铅笔确定建筑物平面。

步骤七：勾投影时根据建筑物和整体的高差勾投影。

步骤六：丰富交通、景观及地面铺装的形式及结构。丰富绿化，先确定行道树和隔离带。

步骤十：加强平面图的上色处理，增强画面的黑白灰关系，以及草地等的笔法处理。

步骤九：平面上色的细节处理。

步骤八：上色时为了衬托出平面图的空间效果，先上整体平面图的基底色调，建筑物若无特殊色彩可留白。

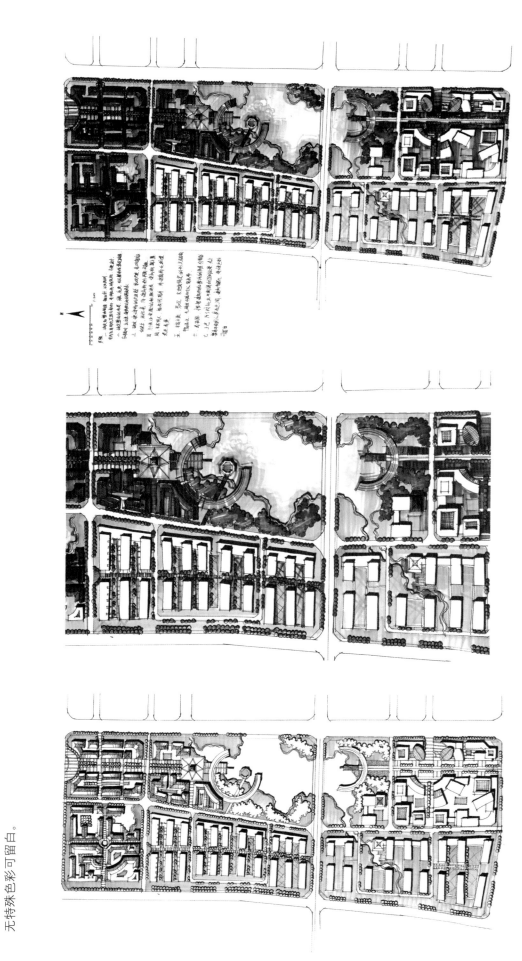

步骤十一：根据平面图确定整体的透视关系，先确定主要的结构线，例如道路、水体景观等边界线的主要结构，以方便后期处理。

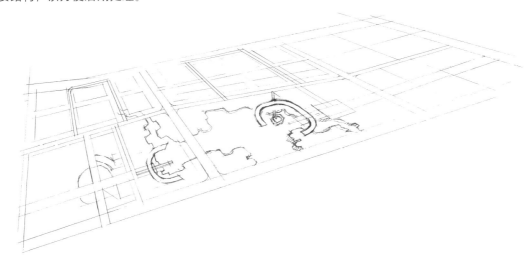

步骤十二：在上一步骤的基础上，确定建筑物的地面关系，竖向高度的变化，整体建筑物的界面围合关系。

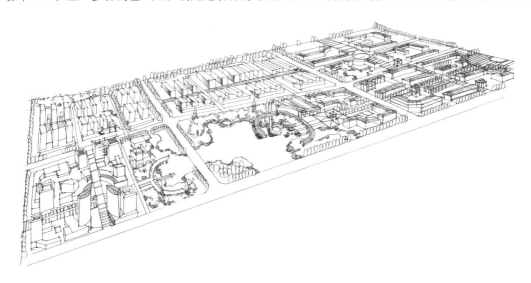

步骤十三：上色——先确定画面的基本色调，比如草地、广场、大面积水系的基本色调。

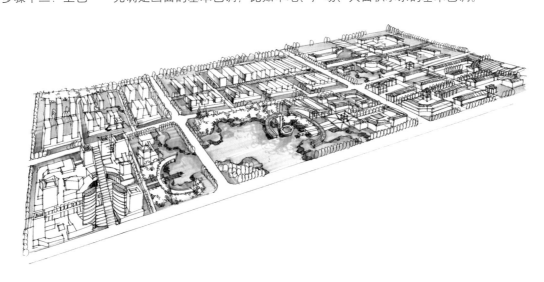

步骤十四：进一步上色，比如植物、建筑物的立面效果关系等。

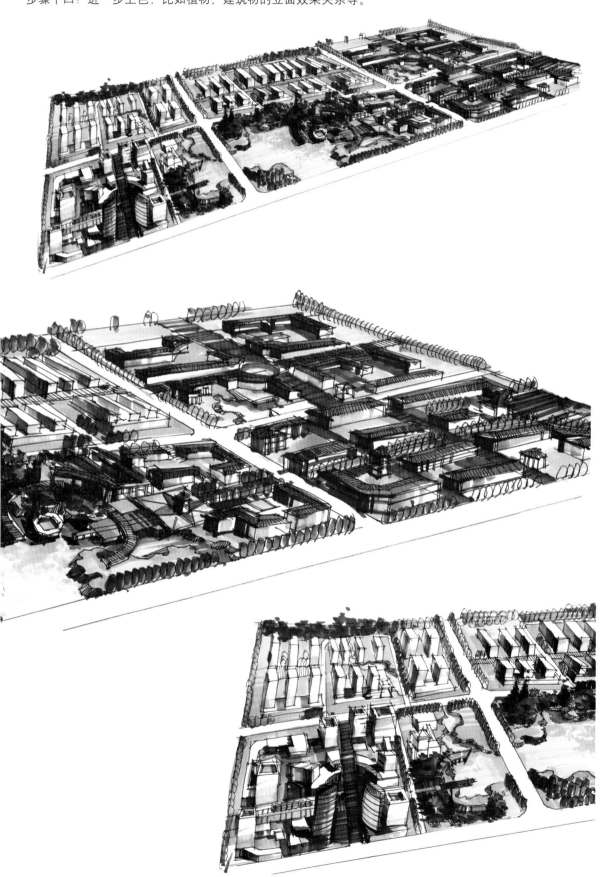

第四天
「沿湖城市中心案例讲解」

步骤一：先确定用地边界关系，并用铅笔勾勒出建筑红线的基本范围，这有利于提高作图速度。

步骤三：勾勒墨线，长线用尺，短线用徒手表达，丰富建筑的关系并且丰富景观的结构。

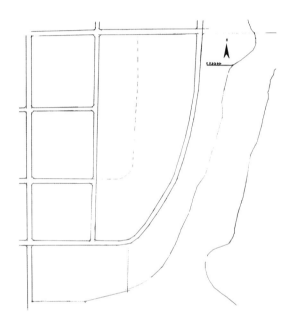

步骤二：在红线的范围内确定平面图的结构、肌理，以及交通等主要线条。

步骤四：根据整体平面图的竖向变化，勾勒投影，建筑物的高度越高投影越粗，高度越低投影越窄。

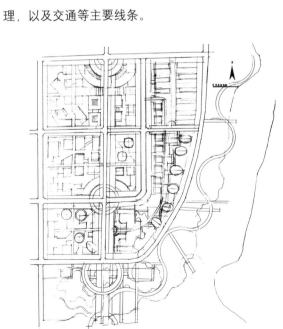

步骤五：此图为细节图例，方便学员理解对景观细节、植物绿化等的处理手法。

步骤六：此图也为细节图例，主要向学员展现一下绿地的景观结构处理方法。

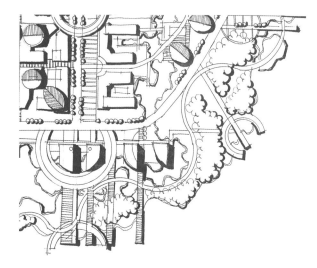

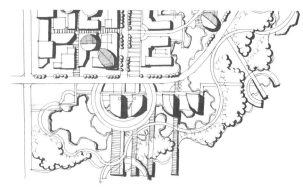

步骤七：整体平面图的上色，值得注意的是，在保证整体平面图的色调协调的基础上，要注意马克笔的排列笔触，不要平涂。

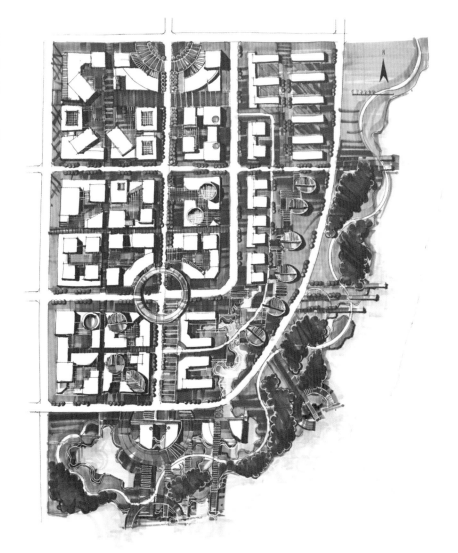

步骤八：此图为平面图的鸟瞰图第一步骤，根据先前拟定好的透视关系，确定地块关系和整体建筑物的界面关系，以及建筑物的高度和景观效果。

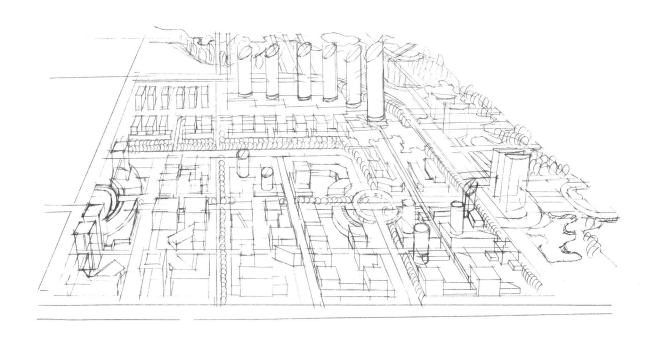

步骤九：勾勒墨线，丰富地面铺装的细节，加强植物、建筑物、景观的细节处理。

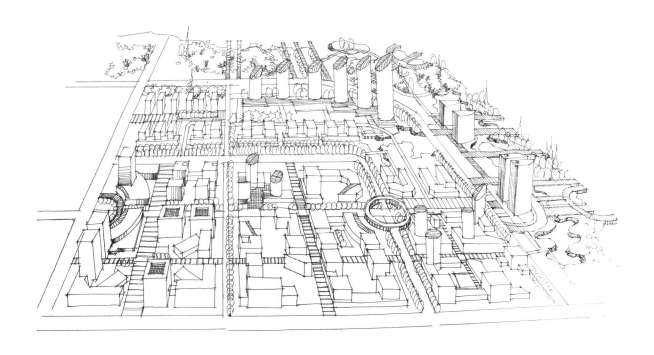

步骤十：鸟瞰图上色，确定基底色调。

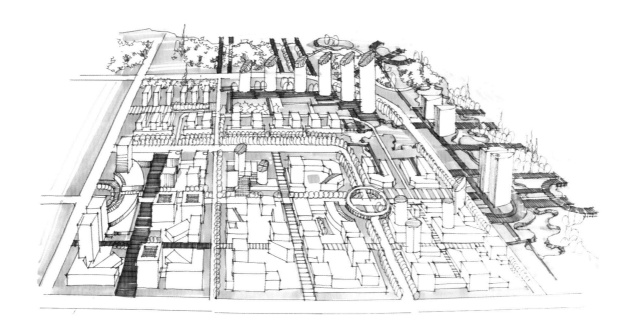

步骤十一：加强色彩的处理。

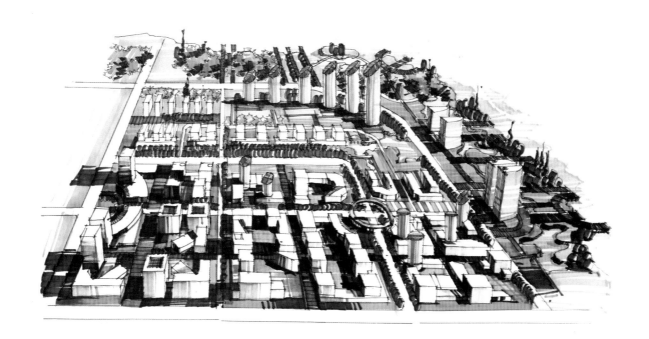

第五天
「交通」

交通系统指交通运输系统，在社会生产中分为生产过程的运输和流通过程的运输。交通系统包括人和物的运输、信息传输、交通的设施设备等。交通设施有静态交通和动态交通之分。固定设施有线路、港、站、场、台等，流动设施指车、船、飞机等。

这里主要讲解步行系统、车行系统、绿色交通以及在案例中学习如何处理方案中的交通处理。

1. 步行系统

步行系统中最重要的是步行系统，对项目基地周边的人流来源分析和不同人群性质的定位是进行地面步行系统设计的基础。

地面步行系统的空间形式主要有：

①结合建筑主入口设置公共开放空间；

②室内商业街外延与城市公共空间直接相连；

③开放式中庭与城市公共空间相连接；

④架空底层融入城市空间；

⑤将建筑的垂直交通在地面层城市化。

地下步行系统的空间形式主要有：

①采用下沉式广场形成城市化开放空间；

②设置中庭与城市地下空间相连；

③设置商业街与城市地下步行系统相连。

表5-1北京市和谐交通评价指标具体数据（2001-2008）
Table5-1 Beijing Harmony Teanspore"s index data(2001-2008)

评价指标 \ 年份	2001	2002	2003	2004	2005	2006	2007	2008
万车交通事故率（次/万车）	132.66	71.34	53.24	37.46	23.88	18.91	14.72	9.3
万车交通事故死亡率（人/万年）	8.8	7.9	7.73	7.59	5.95	4.78	3.8	2.8
平均交通事故直接经济损失（万元/起）	0.3552	0.3412	0.4023	0.4754	0.41	0.4773	0.4294	0.5172
照明线路设置率（%）	31.31	33.71	34.38	41.25	44.25	30.19	28.6	26.2
万人拥有公共交通车辆（辆/万人）	13.74	12.35	13.29	14.54	13.55	12.96	12.57	13.7
道路网密集（Km/Km2）	2.68	2.67	2.72	2.97	2.98	3.23	3.26	4.52
人均道路面积（m2/人）	7.492	7.822	10.509	10.304	10.323	9.662	10.235	11.79
道路面积率（%）	3.7114	3.9026	5.361	5.3255	5.4396	5.1793	5.5776	6.5343
路口电视监视器（台）	135	212	390	390	440	439	449	537
空气二级和好于二级的天数占全年比例（%）	50.68	55.62	61.37	62.7	64.1	66	67.4	75.1
可吸入颗粒物年日均值（mg/m3）	0.165	0.166	0.141	0.149	0.142	0.161	0.148	0.122
二氧化氮年日均值（mg/m3）	0.071	0.076	0.072	0.071	0.066	0.066	0.066	0.049
建成区道路交通干线噪声平均值[dH(A)]	69.6	69.5	69.7	69.6	69.5	69.7	69.9	69.6
公共交通客运量比重（%）	87.64	88.52	88.69	88.87	88.87	87.96	88.39	89.57
公共交通投资比重（%）	12.6	10.8	11.7	11.4	18.5	21.5	17.2	18.6

指标权重

由于地面空间日益紧张，空中交通系统的开发也越来越多地运用到城市综合体项目中。空中步行系统一般有过街天桥、空中连廊。主要的空间形式有：

①设置屋顶花园等开放空间；

②设置空中商业街与空中步行系统相连；

③建筑间通过天桥、空中连廊相互联系，形成建筑组群。

无论是何种形式的步行系统，都需将其交通动线结合。建筑内部功能布局与建筑内部的水平垂直交通系统相关联，整体设计才能真正形成一体化的立体交通网络系统。

2．车行系统

城市综合体巨大的车流量主要包括了公共交通和私人交通两种，公共交通主要包括了地铁、轻轨、公交车、出租车等；私人交通则以机动车为主，地面层是人车密集的层面，较好地实现人车分流，减少相互间的干扰是设计的重点。

主要采用以下几种处理方式：

①设置开放式的停车空间；

②架空底层作为停车空间；

③将公共交通站点纳入建筑内部考虑；

④形成室内公交站点；

⑤设置相对独立的停车楼与主体建筑立体化连接。

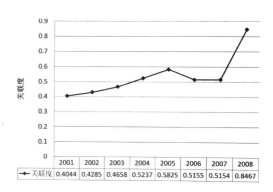

评价得出城市交通和谐程度

	2001	2002	2003	2004	2005	2006	2007	2008
关联度	0.4044	0.4285	0.4658	0.5237	0.5825	0.5155	0.5154	0.8467

苏州太湖科技产业园交通分析图

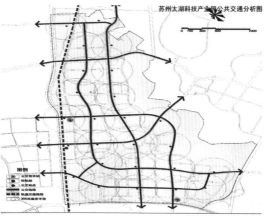

苏州太湖科技产业园公共交通分析图

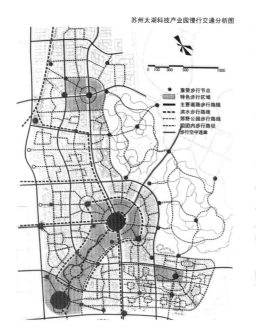

苏州太湖科技产业园慢行交通分析图

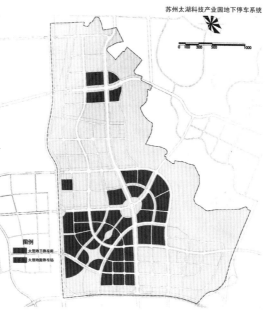

苏州太湖科技产业园地下停车系统

为保持地面城市空间的连续性和完整性，将公交站点、私人机动车特定人流物流的停靠区等设在地下已成为一个趋势。对于地下车行系统的设置，要避免不同类型车行系统的相互干扰，并和建筑内部的其他功能便捷连接。可结合建筑的垂直动线，地下空间水平或垂直划分不同的停靠区域，并有各自独立的出入口，出入口在地面的位置需结合地面层交通系统，整体规划避免相互干扰。空中车行系统为城市综合体的

交通方式提供了更大的弹性，同时也能减缓大量车流对城市地面交通带来的压力，主要有与空中轨道交通相连及与城市立体交通系统相连两种方式。

随着城市地铁车站、地下通道、地下商业街等地下空间的开发利用，地下步行系统也成为城市综合体设计中的一个主要人流方向。地下空间越来越多地与城市综合体发生直接的关联，设计中将其整体考虑可以为项目输入巨大的客流量。

广州空港ABD国际商务区总平面图

广州空港国际商务区庭院效果图

广州空港国际商务区立交节点效果图

广州空港国际商务区公共交通分析图

广州空港国际商务区轨道交通规划图

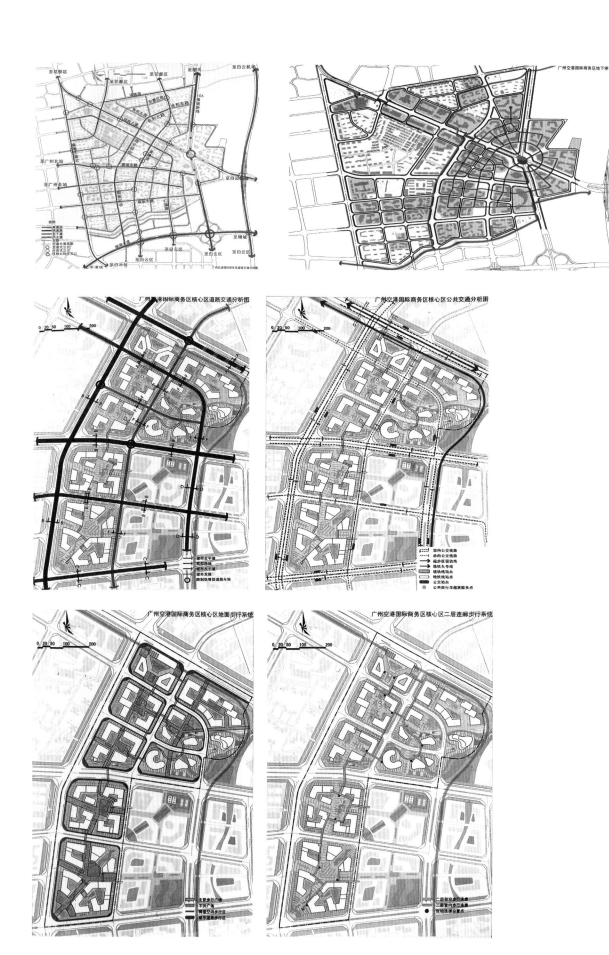

第六天
「道路」

道路：是指公路、城市道路和虽在单位管辖范围但允许社会机动车通行的地方，包括广场、公共停车场等用于公众通行的场所。

1. 干道间距和密度

城市干道之间的距离一般为 800m ~ 1200m。城市干道密度一般为 2 ~ 3km／km²。

同时道路也是城市的骨架，形成一个片区的主要结构要素。

①城市道路可分为快速路（6-8 车道、设计时速 80km/h）、主干路（6-8 车道、设计时速 60km/h）、次干道（4-6 车道、设计时速 40km/h）、支路（3-4 车道、设计时速 30km/h）四个等级。每条机动车车道宽度 3.5m ~ 3.75m。根据国内各城市建设道路的经验，机动车道的宽度，双车道 7.5m ~ 8m，三车道取 11.0m，四车道 15m，六车道取 22m ~ 23m，八车道取 30m。

②居住区道路分为居住区道路（红线宽度不宜小于 20）、小区路（道路宽度 6m ~ 9m）、组团路（路面宽 3m ~ 5m）和宅间小路（路面宽度不小于 2.5m）。

2. 道路分类和宽度

一级道路（设计车速为 60 ~ 80km/h），机动车的车行道不少于 4 条，每条宽 3.75m。非机动车的车行道宽度不小于 6m ~ 7m。机动车与非机动车的车行道之间必须设分隔带。道路总宽度为 40m ~ 70m。一级道路与其他道路交叉时，应当设置立体交叉，近期未能修建时，可预留用地。

二级道路（设计车速为 40 ~ 60km/h），机动车的车行道不少于 4 条，每条宽 3.5m。非机动车的车行道宽度不小于 5m。机动车与非机动车的车行道之间设分隔带。道路总宽度为 30m ~ 60m。

城市道路网基本形式

城市基本的路网形式有方格网、环形放射、自由式、混合式四种

①方格网道路系统：又称棋盘式，适用于地形平坦的城市。灵活性大。

行车路线的选择相对自由，有利于分散交通流。

②环形放射路系统：适用于大城市和特大城市。有利于加强中心区与外围各区及外围各区之间的联系。

③自由式道路系统：常是由于地形起伏变化较大，道路结合自然地形呈不规则状布置而形成的。非直线系数较大。

④混合式道路系统：在同一城市中存在几种类型的道路网，组合而成的为混合式道路系统。

注：城市道路网规划中，重要的是使交通运输网路与城市形态和用地布局更好地结合，而不是追求或拘泥于某一特定的形式

城市道路网路的等级结构

我国大城市道路网规划和建设采用快、主、次、支四级系统。中等城市采用主、次、支三级体系。

道路类型	快速路	主干路	次干路	支路
设计车速(km/h)	≥80	40~60	40	≤30
车道	6~8车道	6~8车道	4~6车道	3~4车道
红线宽度(m)	60~100	40~70	30~50	20~30
交叉口间距(m)	1500~2500	700~1200	350~500	150~250

单车道宽度 3.5~3.75m	三车道 11.0m
双车道 7.5~8.0m	四车道 15m
六车道 22~23m	八车道 30m

机动车回车场的基本形式与尺寸

注：尽端式道路的长度不宜大于 120m。并应在尽端设不小于 12m×12m 回车场。

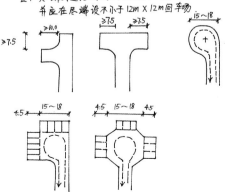

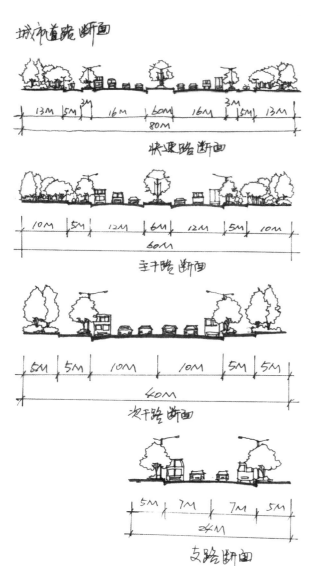

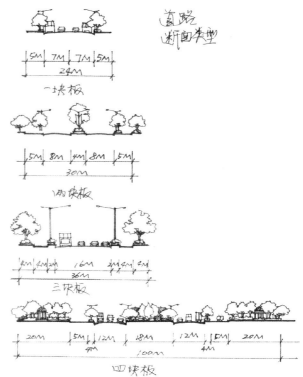

三级道路（设计车速为 30 ～ 40km/h 以下），机动车的车行道不少于 2 条，每条宽 3.5m。非机动车的车行道宽度不小于 5m。机动车与非机动车的车行道之间可设分隔带，在设分隔带时，非机动车道的宽度不小于 3m。道路总宽度为 20m ～ 40m。

四级道路（设计车速为 30km/h 以下），机动车的车行道不少于 2 条，每条宽 3.5m。机动车与非机动车的车行道之间可设分隔带，道路总宽度为 16m ～ 30m。

城市道路的分级，应根据城市的不同性质、规模和道路功能、交通量等情况选用。特大城市的主干道可考虑采用一级道路标准，次干道可考虑采用二级道路标准，居住区级道路可采用三级道路标准。大、中城市的主干道可考虑采用二级道路标准，次干道可考虑采用三级道路标准，居住区级道路可采用四级道路标准。小城市的主干道可以考虑采用三级道路标准，次干道可采用四级道路标准。此外，根据城市的不同情况，还可以规划自行车专用道、有轨电车专用道、商业步行道等专用道路。

3. 街道设计具体讲解

第一步骤：现状分析。通过对方案的仔细调研，发现该方案的优缺点，并且要针对性地解决。例如，某方案的问题主要包括以下几个方面：

①街道设施缺乏"人性化"设计；

②街道设施建设历史文脉断裂；

③街道设施缺乏个性和可识别性；

④街道设施缺乏整体性；

⑤街道设施使用环境欠佳。

第二步骤：解决策略。街道设施是城市街道景观中相当重要的一部分，街道设施的创意与视觉印象，直接影响着城市街道空间的规划品质，反映着一个城市的经济发展水平以及文化水准。因此，城市街道设施的"人性化"设计是回归设计的本初意义，重新重视设计对人本身的关注；"主体化"设计是城市意向的诠释，重新将城市文化融入设计；"系统化"设计是对街道设施的体系化设计；使街道设施能更好地为人们服务。

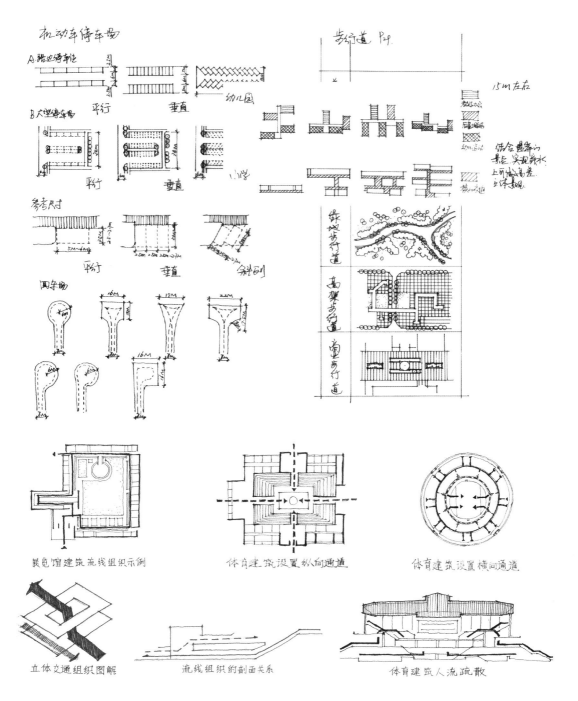

展览馆建筑流线组织示例　　　　体育建筑设置纵向通道　　　　体育建筑设置横向通道

立体交通组织图解　　　流线组织的剖面关系　　　体育建筑人流疏散

第七天
「植物」

主要讲解植物的基本知识，包括种植形式等。

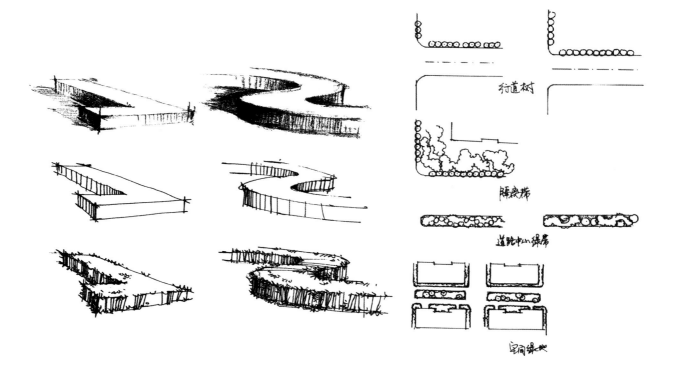

1. 孤植

园林中的优型树在单独栽植时，称为孤植。孤植的树木，称为孤植树。广义地说，孤植树并不等于只种一株树。有时为了构图需要，增强繁茂、葱茏、雄伟的感觉，常两三株同一品种的树木，紧密地种于一处，形成一个单元，让人们感觉宛如一株多杆丛生的大树。这样的树，也被称为孤植树。孤植树的主要功能是遮荫并作为观赏的主景，以及建筑物的背景和侧景。

2. 丛植

一株以上至十余株的树木，组合成一个整体结构。丛植可以形成极为自然的植物景观，是园林造景的重要手段。一般丛植最多可由 15 株大小不等的几种乔木和灌木（注：可以是同种或不同种植物）组成。

丛植主要让人欣赏组合美、整体美，而不过多考虑各单株的形状色彩如何。

丛植分为：

两株丛植：要有统一又要有变化。一般选同种树种，姿态大小要有变化。

三株丛植：最好选同种或外观近似的树种，不等边三角形种植，大小树靠近，中树远离。

四株丛植：不超过两种树种，不等边四角形或不等边三角形种植，3∶1 组合时，最大、最小树与一株中树同组，另一中树做一组。

五株丛植：不超过两种树种，三株或四株合成大组，其余做一组，其中最大株应在大组内，4∶1 组合时，最大或最小不能单独一边。

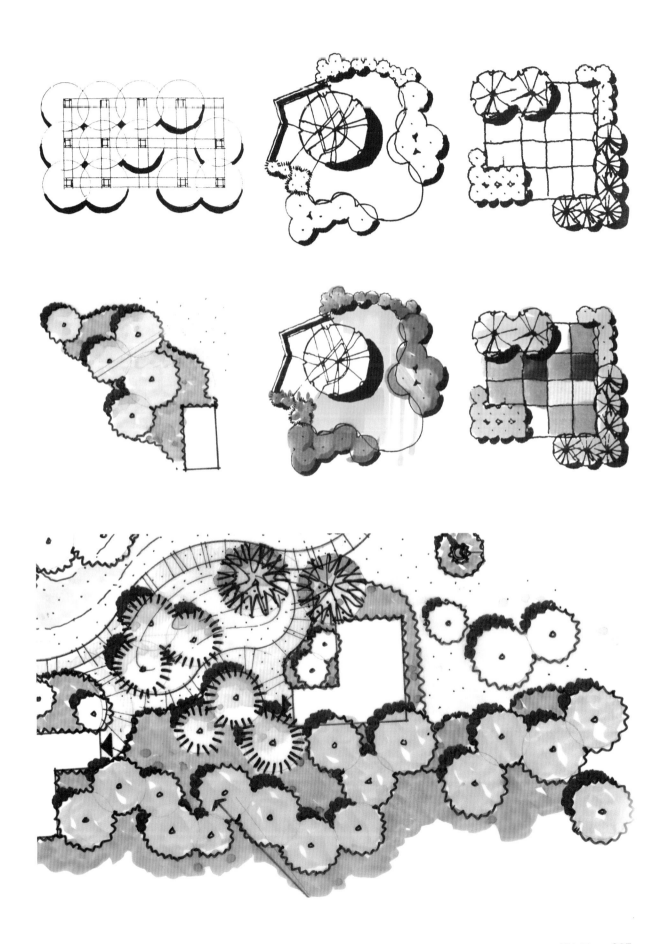

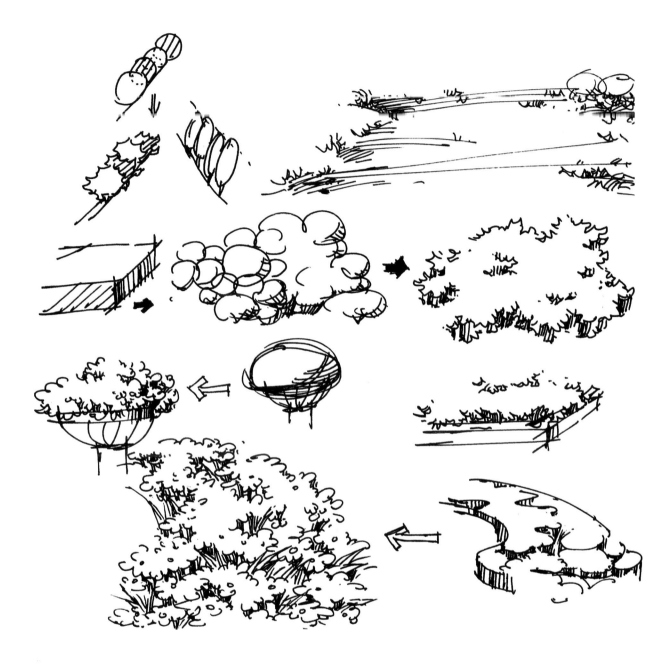

3. 列植

列植是将乔木、灌木按一定的株行距成排、成行地栽种，形成整齐、单一、有气势的景观，在规则式园林中运用较多，如道路、广场、工矿区、居住区、建筑物前的基础栽植等，常以行道树、绿篱、林带或水边列植形式出现在绿地中。

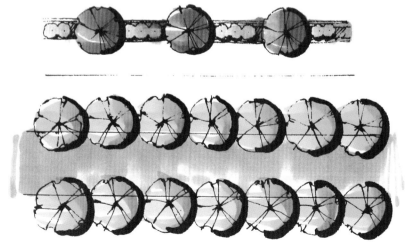

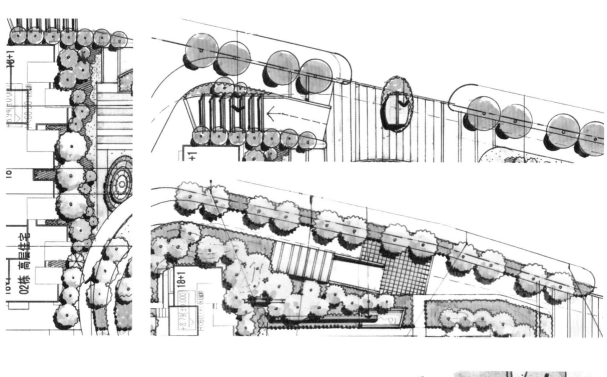

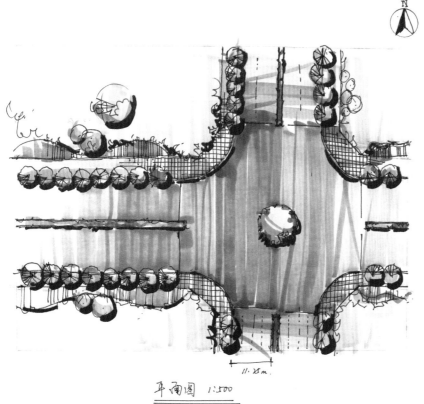

平面图 1:500

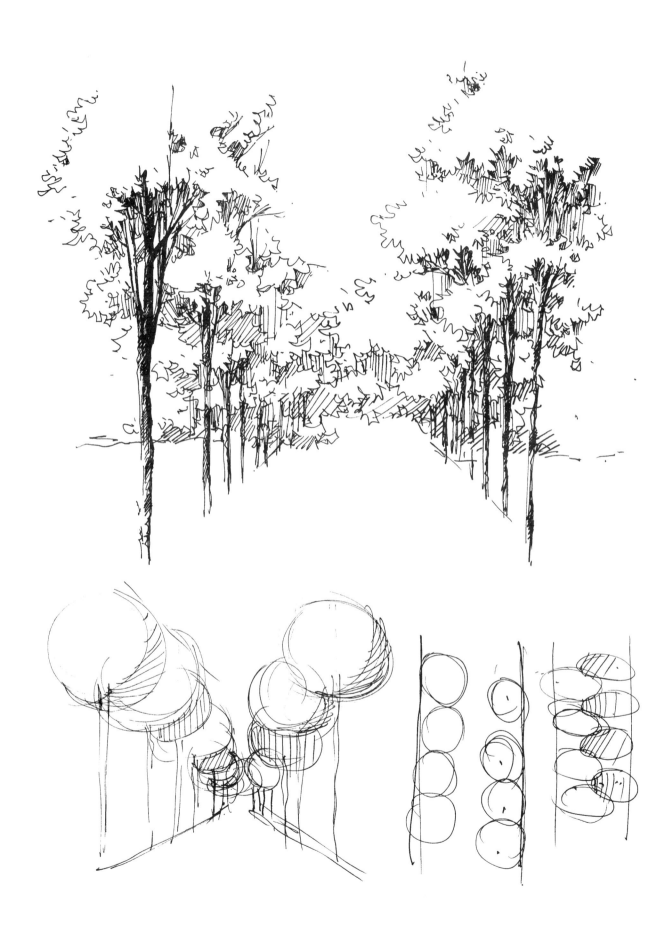

4. 群植

群植是由多数乔灌木（一般在 20～30 株）混合成群栽植而成的类型。群植所表现的主要为群体美，也可作构图的主景。

5. 群植与丛植的区别

丛植往往能够显现出各个植物的个体美，丛植中各个单株可以拆散开单独观赏，其树姿、色彩、花、果等观赏价值很高；群植则不必一一挑选各树木的单株，而是力图使其恰到好处地组合成整体，表现出群体美。此外，群植由于树木株数较多，整体的组织结构较密实，各植物体间有明显的相互作用，可以形成小气候、小环境。

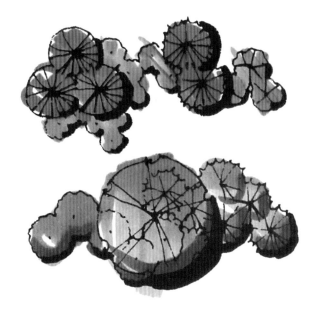

群植通常相对于孤植而言，在园林植物配置上更常用。

群植应该布置在有足够距离的开敞场地上，如靠近林缘的大草坪、宽广的林中空地、水中的小岛屿、宽阔水面的水滨、小山的山坡、土丘等地方。群植主立面的前方，至少在树群高度的四倍、树宽度的一倍半距离上，要留出空地，以便游人欣赏。

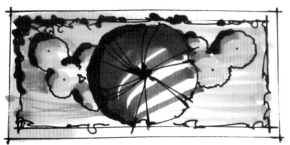

群植内，树木的组合必须很好地结合生态条件，如种植群植时，在玉兰下用了阳性的月季花作下木，而将强阴性的桃叶珊瑚暴露在阳光之下，这是不恰当的。作为第一层乔木，应该是阳性树，第二层亚乔木可以是半阴性的，而种植在乔木庇荫下及北面的灌木则是半阴性、阴性的。喜暖的植物应该配植在树群的南面。群植的外貌，要有高低起伏的变化，要注意四季季相的变化。樱花花形美丽，树姿洒脱开展，盛开时如玉树琼花，堆云叠雪，甚是壮观，是优良的园林观赏植物，因此将它们种植在建筑物前、草地旁、山坡上、水池边。孤植、群植都很适宜。夏季樱花树叶繁茂，绿荫如盖，作为次干车行道或人行道的行道树也十分美丽得体。

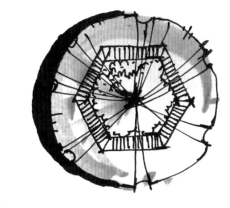

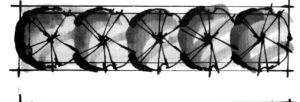

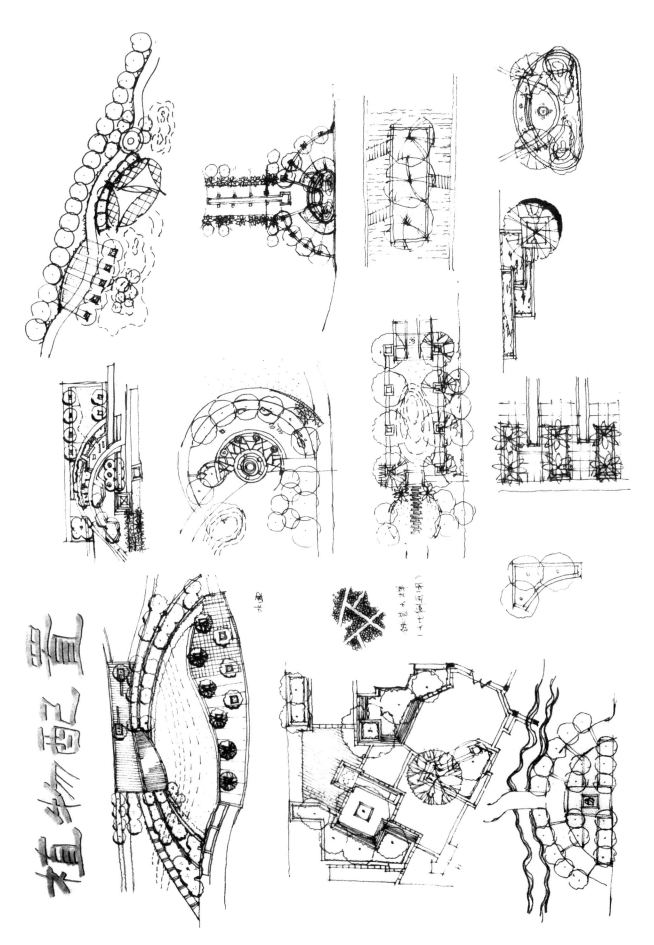

植物配置

6. 林带

林带亦称防护林带。指在农田、草原、居民点、厂矿、水库周围和铁路、公路、河流、渠道两侧及滨海地带等，以带状形式营造的具有防护作用的树行的总称。有条状和网状两种。除农田、草原防护林带多为网状外，其余防护林带大部分为条状。

林带按防护要求和作用，分为防风固沙林带、农田防护林带、草原防护林带、护岸林带、护路林带、海防林带、防污林带等多种类型，每种林带具有不同的防护作用和特点。如防风固沙林带，系在风沙危害严重地区为防治流沙和改造沙地而营造，其作用在于降低风速，固定流沙；护路林带是在铁路、公路沿线两侧为保护铁路、公路，减轻或避免风沙、暴风雪、暴雨冲刷、泥石流、滑坡等危害，具有保护路基，美化路容，改善道路环境等作用；护岸林主要用于固持河川岸滩，防止堤岸受水流冲刷侵蚀而崩塌等。

每种林带应根据不同的防护要求进行选择和配置。如农田、草原防护林带，一般采用乔木和灌木相混交或乔、灌、草结合的方式营造，由主林带和副林带组成，并按一定的距离和方式构成网状林网体系，主要起调节气候、防治灾害、改善环境、保障农牧业生产等作用。

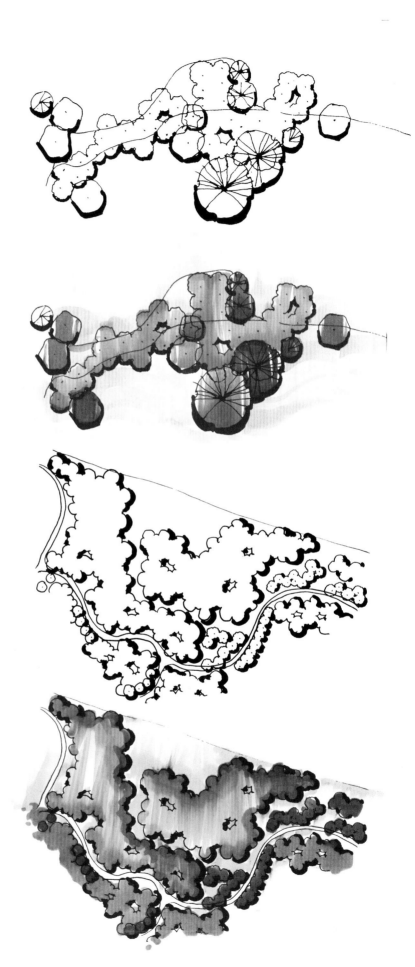

第八天
「绿地规划方案详解」

城市绿地是指以自然植被和人工植被为主要存在形式的绿地，包括公园绿地、生产绿地、防护绿地、附属绿地及其他绿地。其中公园绿地又可分为综合公园、社区公园、专类公园、带状公园和街旁绿地。城市公共活动广场集中成片绿地不应小于广场总面积的25%。居住区公共绿地根据居住人口规模规划。

下面主要讲解滨水绿地。

1. 滨水绿地在城市中的作用

①美化市容，形成景色。滨水绿地可以与城市水系相结合；

②营造良好的城市亲水空间，例如西安在护城河建造的环城公园，对美化市容起到了很好的作用、兰州市在黄河边建造的滨河；

③公园绿地改善了城市环境；

④保护环境，提高城市绿化面积；

⑤防浪、固堤、护坡，避免水土流失。

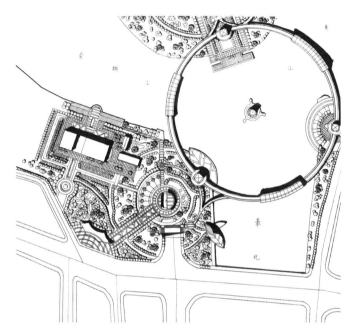

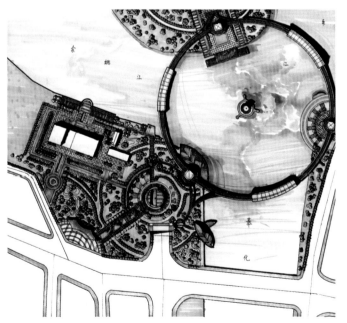

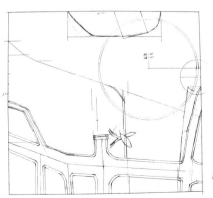

2．滨水绿地设计的内容和方法

城市滨水绿地包含水域和陆域，包含丰富景观和生态气息的复合区域。滨水绿地规划设计的内容主要包括对绿地内部符合植物群落、景观建筑小品、邻水驳岸等基础元素的设计和处理。

①滨水绿地景观风格的定位：古典景观风格的滨水绿地和现代景观风格的滨水绿地。

②滨水绿地空间的处理：外围空间（街道）观赏，绿地内部空间（道路、广场），观赏、浏览、停栖，临水观赏，水面观赏，游乐水域，对岸观赏。

③滨水绿地竖向设计：自然缓坡型、台地型、挑出型、引入型。

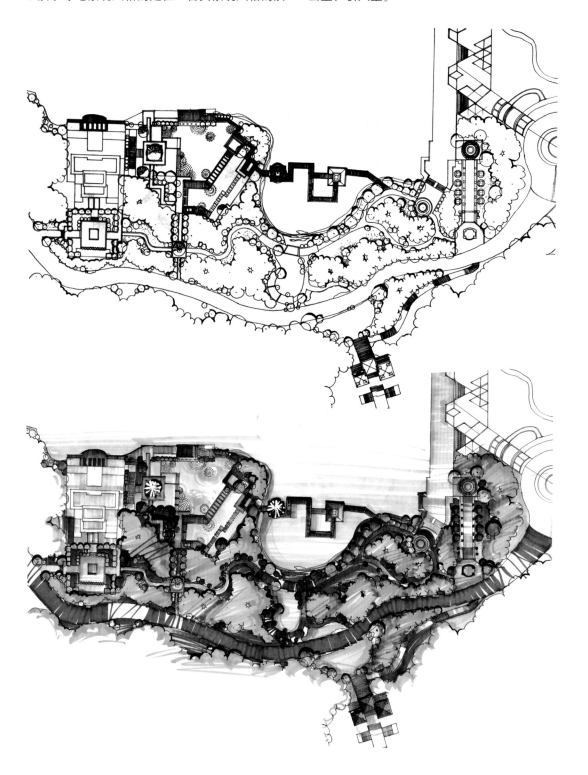

④滨水景观建筑小品设计：滨水绿地植物群落生
态群落设计、驳岸设计等。

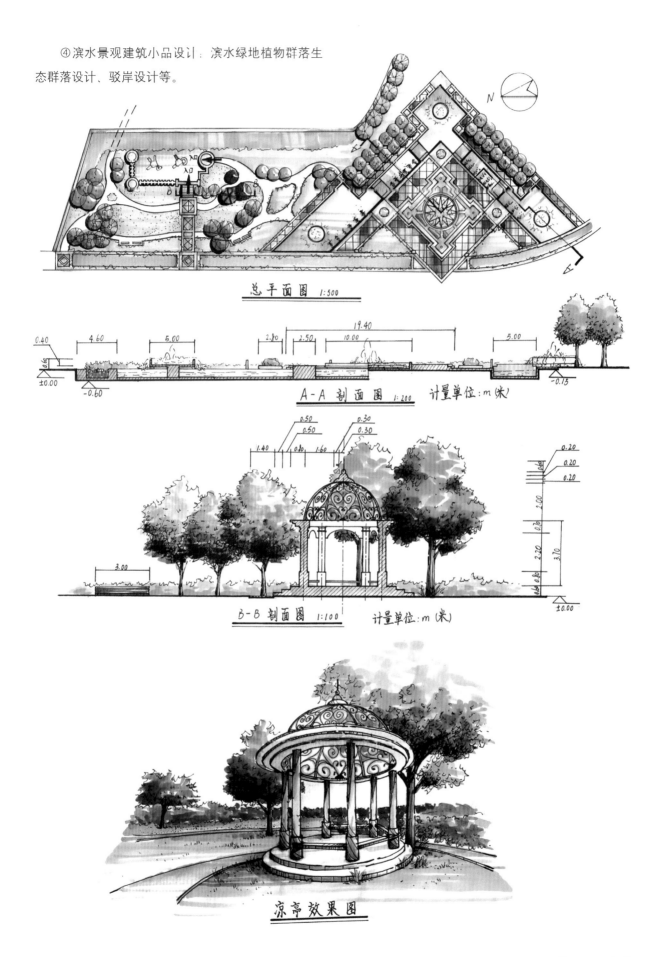

总平面图 1:500

A-A 剖面图 1:200　计量单位:m(米)

B-B 剖面图 1:100　计量单位:m(米)

凉亭效果图

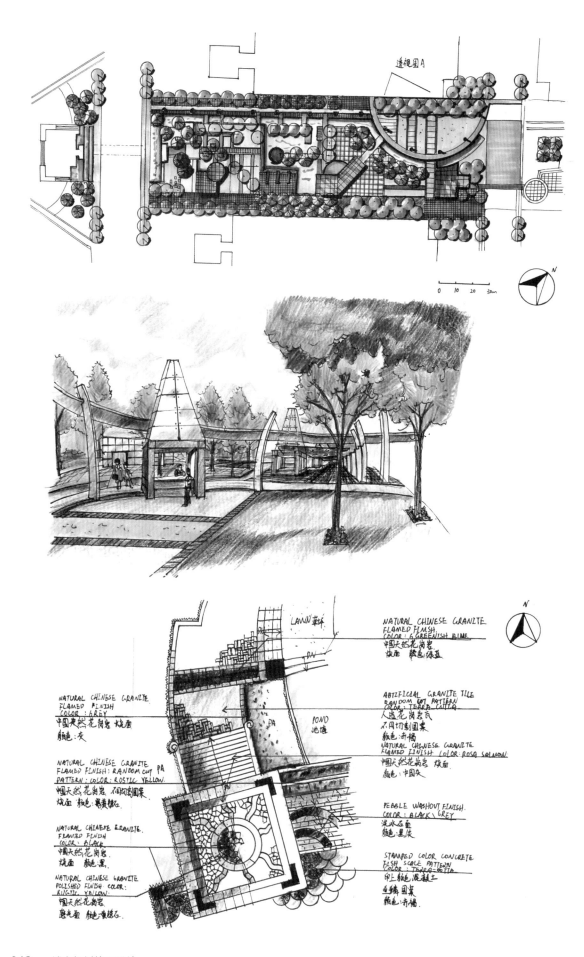

透视图A

NATURAL CHINESE GRANITE
FLAMED FINISH.
COLOR: G GREENISH BLUE.
中国天然花岗岩
烧面 颜色:绿蓝

LAWN 草坪

NATURAL CHINESE GRANITE
FLAMED FINISH
COLOR: GREY
中国天然花岗岩 烧面
颜色: 灰

PN

POND
池塘

PA

ABTIFICIAL GRANITE TILE
RANDOM CUT PATTERN
COLOR: TERRA COTTA
人造花岗岩瓦
不同切割图案
颜色: 赤褐

NATURAL CHINESE GRANITE
FLAMED FINISH COLOR: ROSA SALMON
中国天然花岗岩 烧面
颜色: 中国灰

NATURAL CHINESE GRANITE
FLAMED FINISH: RANDOM CUT PA
PATTERN: COLOR: RUSTIC YELLOW.
中国天然花岗岩 不同切割图案
烧面 颜色: 粤黄铜石

NATURAL CHINESE GRANITE
FLAMED FINISH
COLOR: BLACK
中国天然花岗岩
烧面 颜色: 黑

PEBBLE WASHOUT FINISH.
COLOR: BLACK\GREY
洗水石面
颜色: 黑灰

STAMPED COLOR CONCRETE
FISH SCALE PATTERN
COLOR: TERRA-COTTA
印上颜色混凝土
鱼鳞图案
颜色: 赤褐

NATURAL CHINESE GRANITE
POLISHED FINISH COLOR:
RUSTIC YELLOW.
中国天然花岗岩
磨光面 颜色: 粤黄铜石

第九天
「建筑尺度」

　　建筑物是城市规划中不可或缺的部分，同时在设计中建筑的形式、美感以及尺度关系都是十分棘手的问题。

　　建筑物是形成地段整体空间形象的核心要素，学生应熟悉不同类型建筑的特征、布局、尺度和形态等。以下列举了城市规划快题的主要建筑类型（居住区建筑、中心区建筑、办公建筑、商业建筑、文化建筑、教学建筑等）。

　　1. 建筑体块的表现

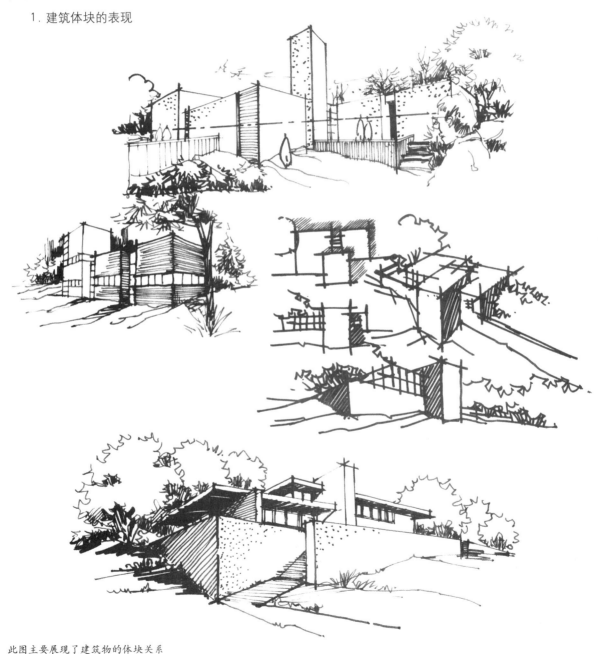

此图主要展现了建筑物的体块关系

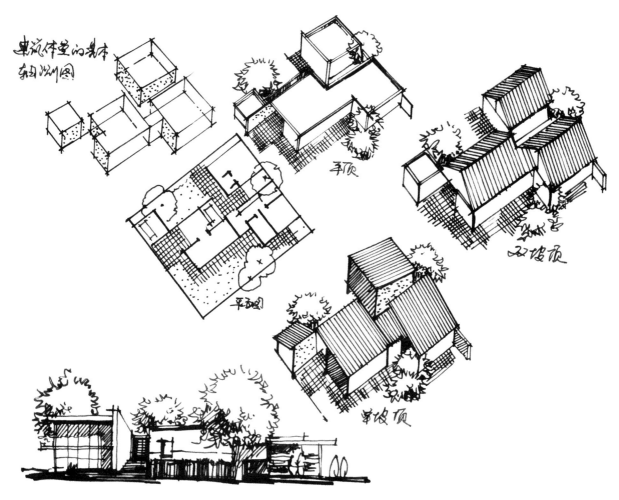

建筑体型的具体
轴测图

平顶

双坡顶

平面图

单坡顶

建筑物的轴测图的表达方式，以及同一平面图，不同屋顶结构展现的不同立体效果

2. 教学建筑

　　教学建筑在城市规划方案中，是经常要考虑的考点之一，属于公共设施的一部分，以下给了一些建筑物的常用参考模数，但是在做方案时，根据大环境、小环境，以及诸多要素的影响，建筑本身会有多种可能。

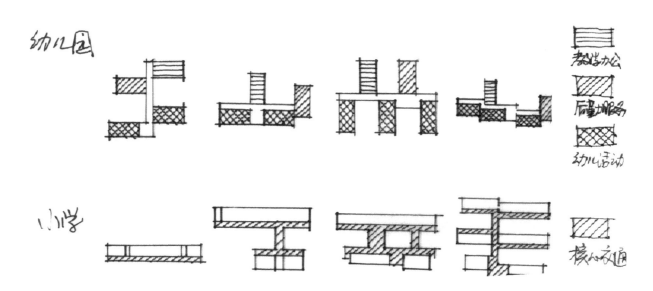

幼儿园

教学办公

后勤服务

幼儿活动

小学

核心交通

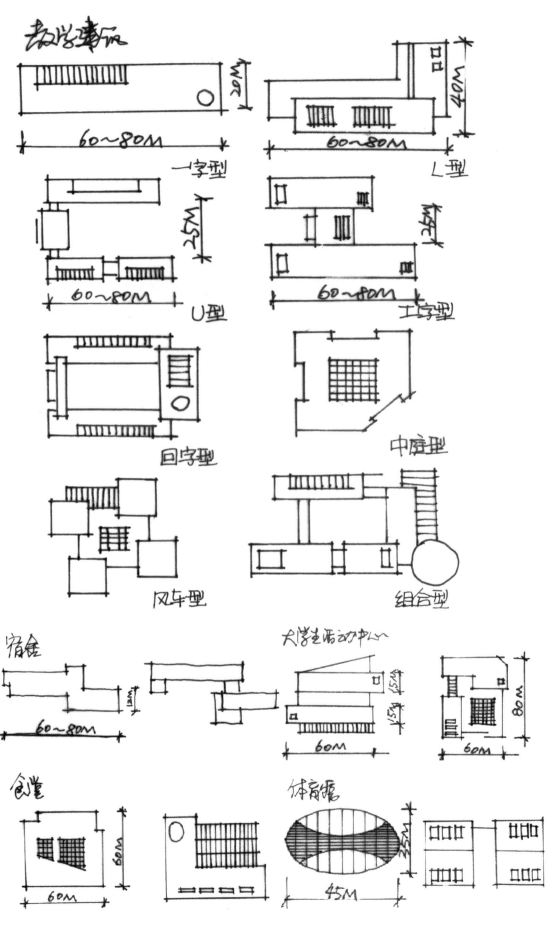

教学建筑

一字型

L型

U型

工字型

回字型

中庭型

风车型

组合型

宿舍

大学生活动中心

食堂

体育馆

3. 商业建筑

城市中心规划是历年各大高校经常会考的题目类型,商业中心建筑功能很多,体块较大,建筑形式多样,在处理平面时需要考虑的问题较多,以下给了一些参考模数,根据具体题型需要考生灵活处理。

4. 住宅建筑

住宅建筑在城乡规划快题中,是必不可少的建筑类型之一,与其他建筑类型相比,住宅建筑的功能相对单一,但是对采光的要求比较高,对于整体的经济技术指标也要求考虑得比较到位,在第十天会详细讲解。

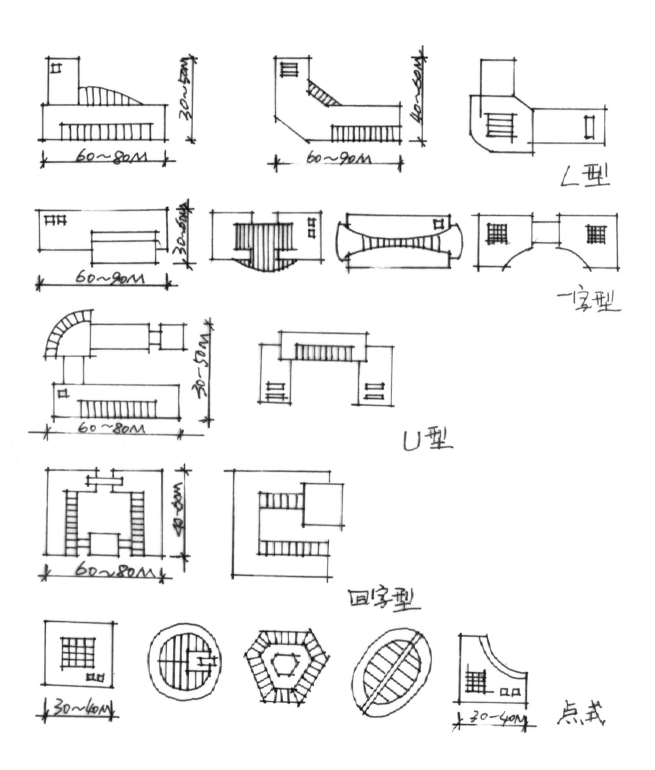

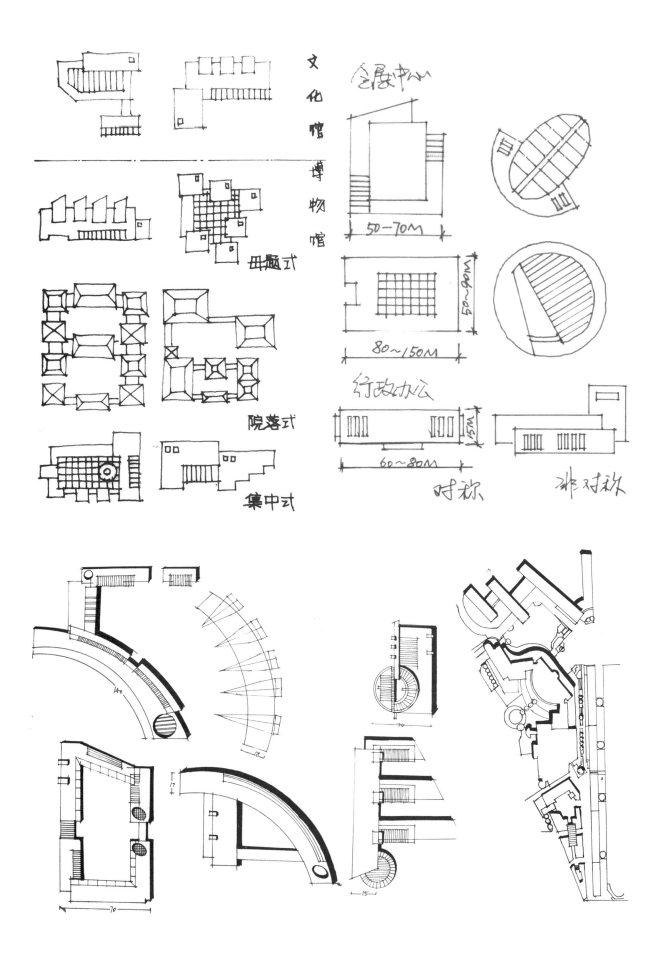

文化馆
博物馆

母题式

院落式

集中式

全展中心

50-70M

80~150M

50~90M

行政办公

60~80M

15M

时称

非对称

140

70

70

15

15

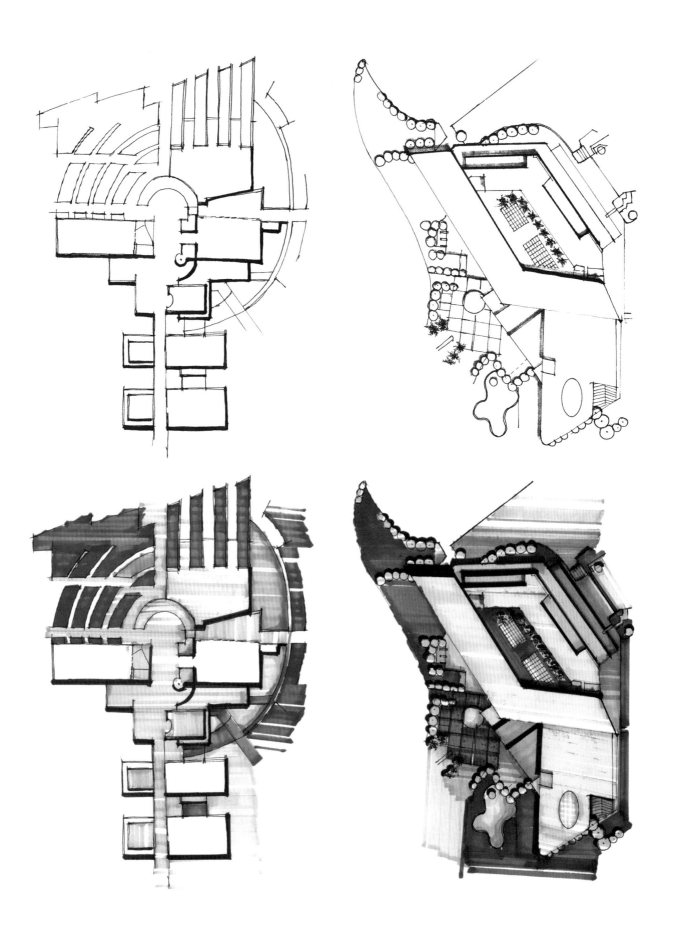

第十天
「住宅设计具体讲解」

住宅建筑在城市规划快题中是非常常见的题型，而且在其他题型的设计中往往也会涉及住宅建筑，因此着重讲解住宅建筑设计的相关内容。

1. 日照间距

日照间距指前后两排南向房屋之间，为保证后排房屋在冬至日（或大寒日）底层获得不低于二小时的满窗日照（日照）而保持的最小间隔距离。

日照间距的计算方法：以房屋长边向阳，朝阳向正南，正午太阳照到后排房屋底层窗台为依据来进行计算。

由图可知：$\tan h = (H-H_1)/D$，由此得日照间距应为：$D = (H-H_1)/\tan h$；

式中：h—太阳高度角；H—前幢房屋女儿墙顶面至地面高度；

H1—后幢房屋窗台至地面高度。（根据现行设计规范，一般H1取值为0.9m，H1>0.9m时仍按照0.9m取值）。

实际应用中，常将D换算成其与H的比值，即日照间距系数（即日照系数 =D/H-H1），以便于根据

不同建筑高度算出相同地区、相同条件下的建筑日照间距。如居室所需日照时数增加时，其间距就相应加大，或者当建筑朝向不是正南，其间距也有所变化。在坡地上布置房屋，在同样的日照要求下，由于地形坡度和坡向的不同，日照间距也会随之改变。当建筑平行等高线布置，向阳坡地，坡度越陡，日照间距可以越小；反之，越大。有时，为了争取日照，减少建筑间距，可以将建筑斜交或垂直于等高线布置。住宅正面间距，应按日照标准确定的不同方位的日照间距系数控制，也可采用《城市居住区规划设计规范》（GB50180－93）中不同方位间距折减系数换算。

2. 建筑间距

住宅的布置，通常以满足日照要求作为确定建筑间距的主要依据。中华人民共和国的建筑消防设计规范规定多层建筑之间的建筑左右间距最少为6m，多层与高层建筑之间为9m，高层建筑之间的间距为13m。这是强制性规定。

按照国家规定（设计规范）以冬至日照时间不低于1小时（房子最底层窗户）为标准。

间距是用建筑物室外坪至房屋檐口的高度／tan（a） a— 各地在冬至日正午时的太阳高度角。也可以用：楼高：楼间距 =1：1.2 比值计算。

关于建筑间距，具体还有以下相关规定：

非居住建筑间距，除经批准的详细规划另有规定外，应符合下列规定：

①多层平行布置时，其间距不小于较高建筑高度的1.0倍，并不小于6m；垂直布置时，其间距不小于9m，山墙间距不宜小于6m。

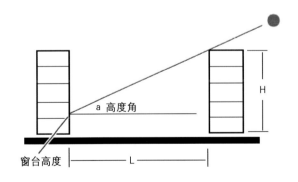

不同方位间距折减换算表

方位	0°～15°（含）	15°～30°（含）	30°～45°（含）	45°～60°（含）	>60
折减值	1.0L	0.9L	0.8L	0.9L	0.95L

②高层平行布置时，其建筑间距不小于较高建筑高度的 0.4 倍，并不小于 20m；垂直布置时，其建筑间距不小于 18m。山墙间距不宜小于 13m。

③多、高层平行布置时，其间距不小于 18m，垂直布置时，其间距不小于 13m。山墙间距不宜小于 9m。以上就是建筑间距的规定。

居住建筑与非居住建筑间距应符合下列规定要求：

①遮挡建筑为居住建筑，按居住房屋间距规定控制。

②遮挡建筑为非居住建筑，按非居住建筑间距规定控制，同时考虑视觉卫生的因素影响。

③多层建筑山墙间距不宜小于 8m，高层建筑山墙间距不宜小于 13m，多层与高层山墙间距不宜小于 9m。这些都是房屋间距上的规定。

建筑间距有法律上的规定，以居住、工作舒适为准则，如若不按照规定，在建设审批上一般是不会被通过的。

3. 建筑设计形态要素

①几何要素：点、线、面、体基本形式（核心主导作用）。

②色彩要素：色相、彩度（饱和度）、明暗等基本因子（修饰、辅助作用）。

③肌理要素：质感、粗细、光泽、纹理及相应的心理感受。

4. 建筑平面设计要领

①功能空间分类；

②功能面积分配；

③竖向功能设计；

④水平功能分区；

⑤平面形式的构思；

⑥垂直交通体系和卫生间布局；

⑦选择合适的柱网尺寸；

⑧在结构中划分空间；

⑨推敲检查。

平面形式的构思：选择的形态有利于采光，适应地形。

常见形体布局：一字型、L 字型、T 字型、十字型、工字型、王字型、回字型。

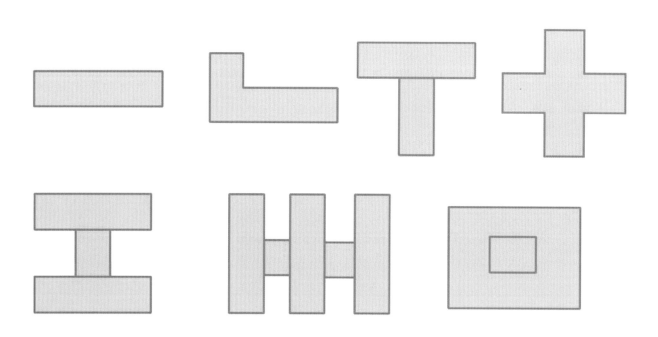

住宅建筑

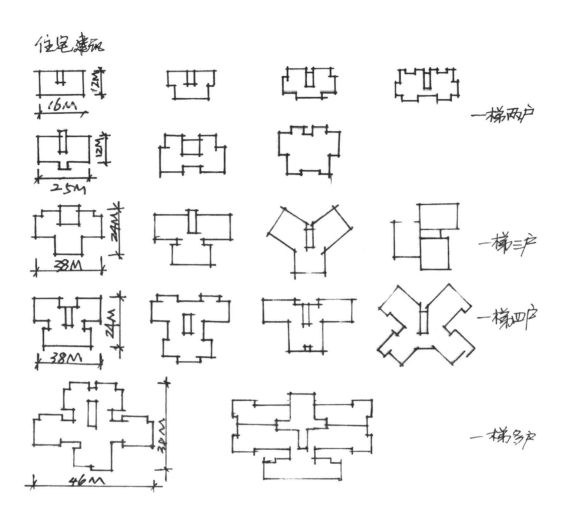

一梯两户

一梯三户

一梯四户

一梯多户

住宅群规划布置
(1) 住宅平面组合
住宅组群平面组合的基本形式
a. 行列布置
Ⅰ 平行布置 (基本形式)

通风、采光好
Ⅱ 交错布置.

前后交错   左右交错   前后左右交错

Ⅲ 单元错接

不等长错接   等长错接

Ⅳ 成组改变朝向   Ⅴ 曲线形   Ⅵ 折线形

b. 周边布置.

Ⅰ 单周边   Ⅱ 双周边   Ⅲ 自由周边

c. 混合布置

d. 自由布置.

散立   曲线形   曲尺形   点群形

(2) 住宅群体的组合方式

a. 成组成团的组合方式

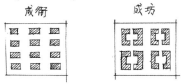

组团人口 1000~3000人

b. 成街成坊的组合方式

街坊是由城市道路(支路,街巷)围合而成的区域

成街　　　成坊

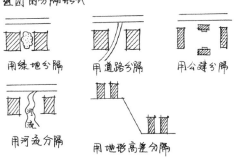

c. 组团的分隔形式

用绿地分隔　　用道路分隔　　用公建分隔

用河流分隔　　用地形高差分隔

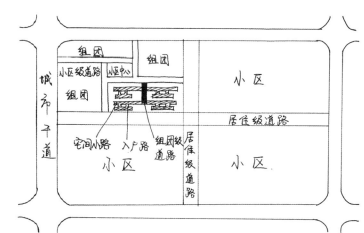

(3) 建筑群体布局

a. 以日照为主要因素的总体布局　　b. 以噪声为主要因素的建筑群体布局

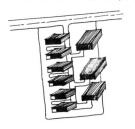 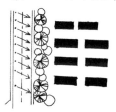

日照间距:

前后两排房屋之间,为了确保后排住宅能在规定的时日里获得所需的日照量而必须保持的最小距离·D·.

住宅间距

1. 前后之间间距 L. L≥D.

2. 左右之间间距. 多层住宅之间 M≥6m　　M≥6m

日照.

a. 住宅交错布置,利用间隙提高日照水平.

b. 利用点式住宅加强日照效果.

c. 将建筑之间偏东(西)布置.　d. 利用绿化防止西晒

通风

①建筑物交错布局.　②长短结合布置.　③高低结合布置

④疏密结合布置　⑤利用绿化引导风流

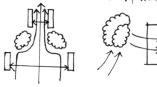

噪音的防治

①住宅的合理布局.

道路　　　　　　　道路

差　好　差　好　　差　好　差　好

②利用绿化防噪音

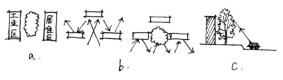

a.　　　　b.　　　　c.

c 以主导风为主要因素的建筑群体布局

d. 以景观为主要因素的建筑群体布局

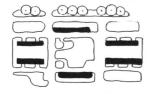

高度与间距变化

(4) 建筑与基地的关系

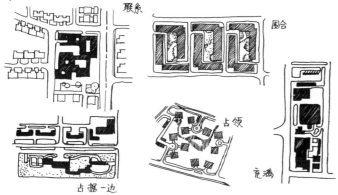

联系

围合

占领

充满

占据一边

公共服务设施

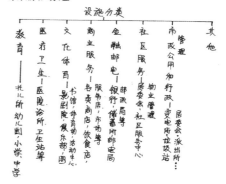

					设施分类			
教育	医疗卫生	文化体育	商业服务	金融邮电	社区服务	市政公用	管理	其他
托儿所·幼儿园·小学·中学	医院·诊所·卫生站等	书馆·体育馆·活动中心·影剧院·俱乐部·图	服务店·各类商店·饮食店、市场等	银行·储蓄所·邮电局·邮政局等	物业管理服务站·居委会、社区服务中心	行政·变电所·垃圾站…	居委会·派出所	

1. 基层生活公共服务设施 (300~1000户)：综合服务站·综合基层站·综合基层店·早点小吃·卫生站等。

2. 基本生活公共服务设施 (1万~1.5万人)：托幼·学校·综合商业服务·文化活动站·社区服务等。

3. 整套完善的生活公共服务设施：综合商业服务·文化活动中心·门诊等 (3~5万人)。

公建中心位置选择

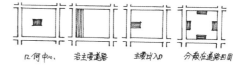

几何中心、 靠主要道路 主要出口 分散在道路四周

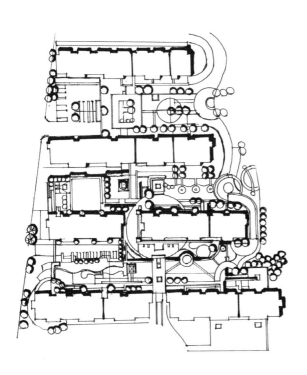

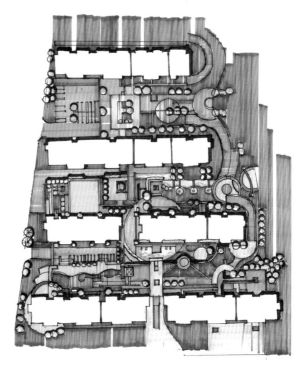

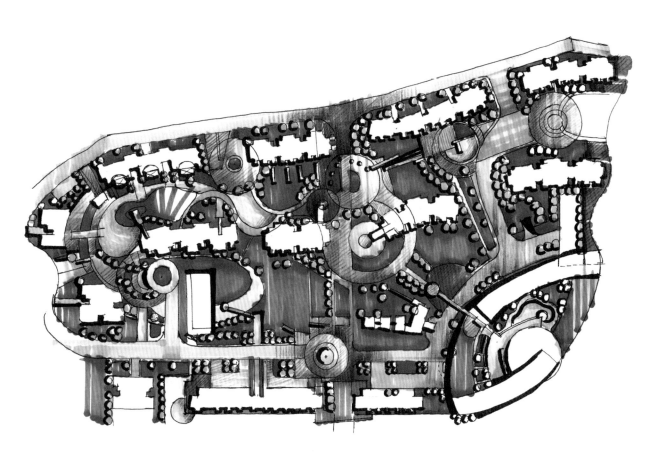

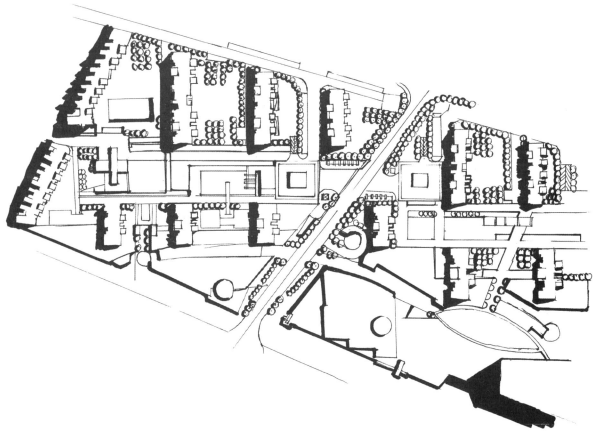

第十一天
「方案加强阶段训练」

深入了解方案设计过程中的问题，在规范运用娴熟并且理解的前提下，对方案的整体性进行把控，解决整体方案结构、城市肌理等技能。

1. 总体规划定额指标是城市发展的控制性指标，作为编制城市总体规划的依据。主要内容有：

①城市人口规模的划分和规划期人口的计算。提出不同规模和类别的城市基本人口、服务人口和被抚养人口各自占城市总人口比例的参考数值。

②生活居住用地指标。指居住用地、公共建筑用地、公共绿地、道路广场等四项用地的人均用地指标（近期的和远期的）。规定城市每一居民占有生活居住用地，近期为 $24m^2 \sim 35m^2$、远期为 $40m^2 \sim 58m^2$。

③道路分类和宽度。城市道路按设计车速分为四级，并分别规定了各级道路的总宽度，不同性质和规模的城市采用不同等级的道路。还规定出干道间距、密度和停车场的用地等。

④城市公共建筑用地。规定分为市级、居住区级和居住小区级三级。居住区人口规模一般按 $4 \sim 5$ 万人、小区按 1 万人左右考虑；每一居民占有城市公共建筑用地的指标，近期为 $6m^2 \sim 8m^2$，远期 $9m^2 \sim 13m^2$。

⑤城市公共绿地。也规定分为市级、居住区级和居住小区级三级。每一居民占有城市公共绿地的指标，近期为 $3m^2 \sim 5m^2$，远期为 $7m^2 \sim 11m^2$。

2. 详细规划定额指标是编制居住区详细规划的依据。

主要内容有居住建筑技术指标、居住区和居住小区的用地指标、建筑密度指标和公共建筑定额。居住建筑技术指标包括平均每人居住面积、住宅平面系数、房屋间距、住宅层数。规定大、中城市住宅层数以 $5 \sim 6$ 层为主；小城市、工矿区和卫星城以 $4 \sim 5$ 层

为主。居住区用地和小区用地指标分别规定为每一居民 $19.5m^2 \sim 29m^2$ 和 $14.5m^2 \sim 22m^2$ 不同层数的住宅有不同的居住建筑密度指标。居住区级和小区级的公共建筑主要指为居民日常生活服务的各种设施，平均每一居民拥有的建筑面积为 $1.6m^2 \sim 2.2m^2$，用地为 $5m^2 \sim 7m^2$。

3. 城市公共建筑定额指标一般采用三级，即市级、居住区级和小区级。居住区的人口规模一般按四五万人考虑，小区的人口规模一般按一万人左右考虑。

城市公共建筑用地定额，近期为 $6 \sim 8m^2$／人，其中市级为 $1m^2$／人，居住区级为 $1.5 \sim 2.0m^2$／人，小区级为 $3.5 \sim 5.0m^2$／人。远期为 $9 \sim 13m^2$／人。

4. 城市道路广场定额指标一般采用三级，其用地定额近期为 $6 \sim 10m^2$／人，其中市级为 $3.5 \sim 5m^2$／人；居住区级为 $1.5 \sim 2m^2$／人；小区级为 $1 \sim 3m^2$／人。远期为 $11 \sim 14m^2$／人。

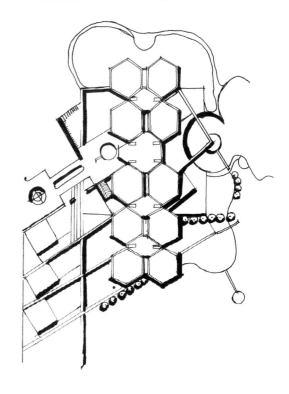

5. 公共服务设施图例

社会服务设施
- 行政设施
- 居委会或社区管理机构(居住小区级)
- 社区服务中心(居住小区级)
- 医院(市级、区级、街道或镇级)
- 门诊部(市级、区级、街道或镇级)
- 社区健康服务中心(居住小区级)
- 文 文化中心(街道或镇级)
- 文 文化活动站(居住小区级)
- 综合市场(街道、镇级或小区级)
- 菜 肉菜市场(居住小区级)
- 老 敬老院(街道或镇级)
- 青 青少年活动中心(街道级、镇级或居住小区级)
- 健 健身房
- 网球场
- 羽毛球场
- 游泳池(街道、镇级或居住小区级)
- 影剧院(街道或镇级)
- 图书馆(街道或镇级)

基础教育设施
- 幼 幼儿园,托儿所
- 中 中学
- 小 小学
- 高 高中
- 九 九年一贯制学校
- ￥ 储蓄所(居住小区级)
- 书 书店及报刊门市部(街道、镇级或小区级)
- 综合运动场(区级、街道或镇级)
- 篮球场
- 排球场
- 工 工商所(街道或镇级)
- 税 税务所(街道或镇级)
- 法 民事法庭(区级、街道或镇级)
- 老年人服务及护理中心(区级)
- 老年人活动站(居住小区级)
- 公共厕所
- 垃圾集散点
- P 社会公共停车场
- 公交站点
- 地铁出入口

市政基础设施
- 变电站
- 给排水泵站
- 加油站
- 气化站
- 消防站(街道或镇级)
- 调压站
- K 开闭所
- 微波站
- 燃气调压站
- 污水提升泵
- 供热设施
- 垃 垃圾收集点
- 市 农贸市场
- 餐 餐饮
- 招 招待所
- 活 活动中心
- 商 商业(超市)

道路交通设施
- 派出所(街道或镇级)
- 巡警队(区级、街道或镇级)
- 交通中队(区级、街道或镇级)
- 邮 邮电支局(街道或镇级)
- 邮电所(居住小区级)

6. 城市布局指城市地域的结构和层次,城市内部各种功能用地比例,就是城市建成区的平面形状以及内部功能结构和道路系统的结构和形态。城市布局形式是在历史发展过程中形成的或为自然发展的结果,或为有规划的建设的结果。这两者往往是交替起着作用。研究城市布局形式及其利弊,对制定城市总体规划有指导意义。

①城市布局形式的形成受到众多因素的影响,有直接因素的影响,也有间接因素的影响。对于每一个城市来说,往往是多种因素共同作用的结果。

影响城市布局形式的直接因素,包括:

经济因素。主要指建设项目,如工业基地、水利枢纽、交通枢纽、科学研究中心等的分布和各种项目的不同技术经济要求;资源情况,如矿产、森林、农业、风景资源等条件和分布特点;建设条件如能源、水源和交通运输条件等。

地理环境。如地形、地貌、地质、水文、气象等。城镇现状。如人口规模、用地范围等。

影响城市布局形式的间接因素,包括:

历史因素。城市在长期的历史发展过程中,从城市核心的形成开始,经过自然的发展和有规划的建设,各个时期呈现不同的形式。明清北京城是一座中心轴线对称、棋盘式道路网结构的城市。这是经过封建社会几百年的历史发展,逐步形成与完善的。北京古城墙经过元代兴建和明代改建形成"凸"形城郭。

社会因素。包括社会制度、社会不同阶层、集团的利益、意志、权力等,都对城市的选址、发展方向、规划思想和城市布局结构起着十分重要的作用。巴黎19世纪下半叶的道路呈放射型是同拿破仑三世及其大臣奥斯曼的规划思想分不开的。他们为了追求城市的豪华气派,便于镇压人民起义,开辟了林荫大道,这种格局至今仍影响着巴黎的城市总体规划。

科学技术因素。现代工业的产生使城市的布局形式发生变化。钢铁工业城市要求工业区和居住区平行布置，化学工业城市要求工业区同居住区之间有一定的隔离地带。现代先进的交通运输工具和通信技术的问世，使大城市的有机疏散（见"有机疏散"论）、分片集中的规划布局形式成为可能。

②根据城市建成区平面形状的基本特征，城市的布局形式大致可归纳为下列主要类型：

块状布局：城镇居民点中最常见的基本形式。这种布局形式便于集中设置市政设施，土地利用合理，交通便捷，容易满足居民的生产、生活和游憩等需要。

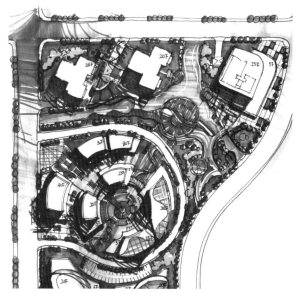

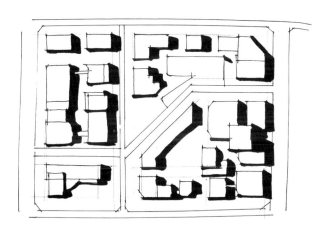

带状布局：这种城市布局形式是受自然条件或交通干线的影响而形成的，有的沿着江河或海岸的一侧或两岸绵延，有的沿着狭长的山谷发展，还有的则沿着陆上交通干线延伸。这类城市向长向发展，平面结构和交通流向的方向性较强。

环状布局：这种城市围绕着湖泊、海域或山地呈环状分布。环状城市实际上是带状城市的变式。此种城市同带状城市相比，城市各功能区之间的联系较为方便。它的中心部分为城市创造了优美的景观和良好的生态环境。在中国，典型的环状布局形式的城市尚属少见。

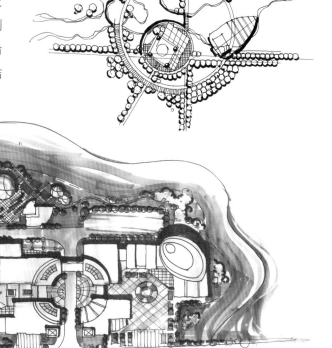

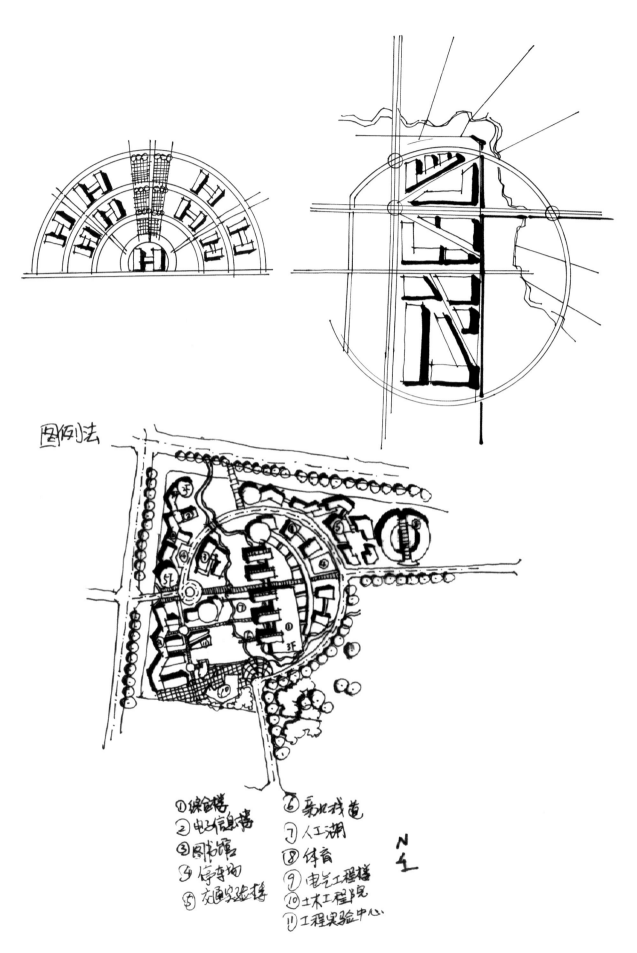

图例法

① 综合楼
② 电子信息楼
③ 图书馆
④ 停车场
⑤ 交通实验楼
⑥ 蓄水栽苗
⑦ 人工湖
⑧ 体育
⑨ 电气工程楼
⑩ 土木工程院
⑪ 工程实验中心

N

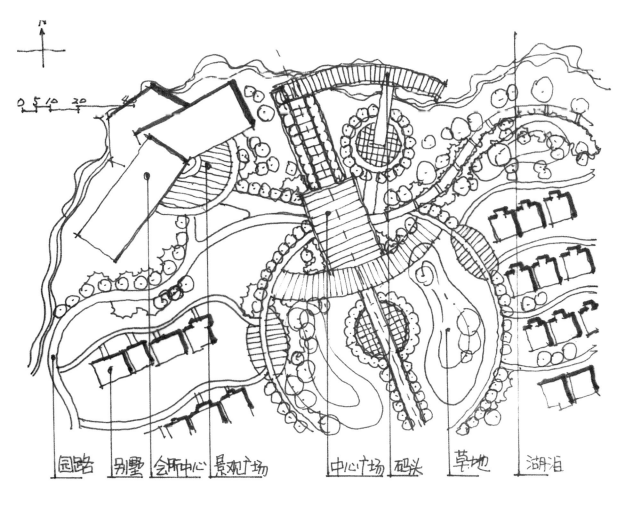

园路　别墅　会所中心　景观广场　　中心广场　码头　　草地　　湖泊

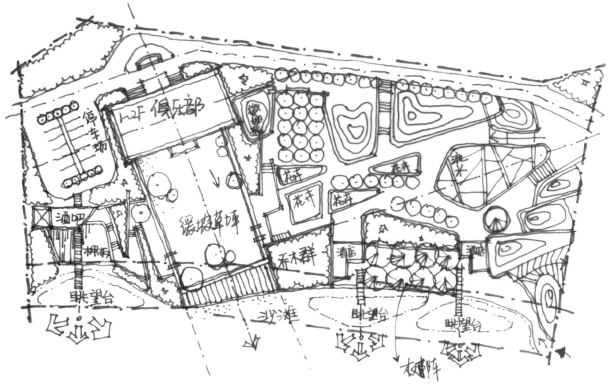

串联状布局：若干个城镇，以一个中心城市为核心，断续相隔一定的地域，沿交通线或河岸线、海岸线分布。这种布局灵活性较大，城镇之间保持间隔，可使城镇有较好的环境，同郊区保持密切的联系。这种布局形式的城市，在中国有秦皇岛、镇江等。

组团状布局：由于自然条件等因素的影响，城市用地被分隔为几块。进行城市规划时，结合地形，把功能和性质相近的部门相对集中，分块布置，每块都布置有居住区和生活服务设施，每块称一个组团。组团之间保持一定的距离，并有便捷的联系。这种布局形式如组团之间的间隔适当，城市可保持良好的生态环境，又可获得较高的效率。

星座状布局：一定地区内的若干个城镇，围绕着一个中心城市呈星座状分布。这种城市布局形式因受自然条件、资源情况、建设条件和城镇现状等因素影响，使一定地区内各城镇在工农业生产、交通运输和其他事业的发展上，既是一个整体，又有分工协作，有利于人口和生产力的均衡分布。

第十二天

「方案构思」

城市规划快题方案设计详解

在实际的快题中，通常首先描述规划用地的区位，明确用地在城市中的位置以及周边地块的性质和特征等情况，然后划定规划用地的红线和周边道路红线；在这些设计基础条件上，提出规划设计要点，明确规定容积率、绿地率、建筑高度控制要求、套型比例、停车位数量等具体指标要求，要求绘制总平面图、分析图、透视图、提供设计说明和主要经济技术指标。快题设计主要包括了快速审题、快速构思、快速设计三部分。

对于城市规划快题的考察和评析主要是从两个层面出发：专业基础素养和设计的规划能力。前者基本反映出一个设计者对基础知识的掌握和平时知识的储备，后者则通过在图面上设计成果的进一步解读，来判断该设计者的设计能力。

对于快题的评判标准主要基于以下几个方面：

①符合题型

首先在拿到任务书以后，应该先学会审题，分析题型，抓住题干、主旨，根据题目当中的要求来分析题型，学会抓题目当中的考点。在城规快题当中常见的考点有，周边环境的限制，例如地形、水体、风向、日照、噪声、工厂等因素的影响，再有比较难的题型会把一些考点隐藏在题目当中，例如古遗址保留、干枯的古河道遗迹等，无论遇到以上哪些考点，都应该给予重视。在完成以上分析后应该分析所做的题目究竟是要做怎样的规划设计题型，例如，是居住区规划又或者是城市中心规划等，但是一定不能所答非所问。

②技术合理

要求设计者对相关技术规定和设计规范有相当熟练的掌握，在方案深化的过程中，涉及的道路级别、建筑体量、间距控制、场地尺度等问题都能很好地解决，这就要求设计者在日常的学习中大量地练习，以达到在规定的时间内能娴熟的运用专业知识。

③设计内容的完整

根据城市规划快题设计成果的要求，结合任务书的具体要求，规划设计成果应当规范，设计内容必须完整，在卷面上，无论是具体的页数或者任务书上的规定项目，绝对不能丢项，例如图面上的建筑性质、层数、技术指标、效果图、平面图、分析图等必须完整。

1. 审题分析

解读任务书，分析现状。

例如：方案实例任务书——本项目位于江南某城市，规划地块东临城市河道，南北均为城市道路。北面距一公园车程五分钟，距中心区车程十分钟。

本居住小区布局结构采用"大围合"式，北面以板式高层和点式高层相结合，屏蔽北面道路喧嚣的城市环境，中心为舒适宜居的联排别墅和独栋别墅，形成幽静私密的空间环境。

规划中在南面与临湖路处分别设置对外出入口，通过环形路网和景观将社区分为几个部分，景观主轴面向河，中心广场由几个花瓣状水池组合成花朵，水系的设置与城市河道相呼应。多点式景观空间的营造丰富了空间层次。

从城市设计的角度考虑，项目东南角将公共社区中心面向城市开放，与城市绿地相结合，形成具备综合功能的开放性城市空间，营造共享的社区形态。

①解读

气候自然条件：注意指北针、风玫瑰、比例尺等基本信息。（江南某城市）

区位及周边环境：北面距一公园车程五分钟，距中心区车程十分钟。

周边道路的交通情况：规划地块东临城市河道，南北均为城市道路。

用地形状特征：较为规整的正南正北形态。

用地地形特征：地势西高东低。

用地地貌特征：平坦的城市用地。

②成果要求

仔细阅读题目对所设定的成果要求，应试者应合理安排时间，保证按照题目要求的内容、比例和类型完成全部设计成果。

③设计深度

要求应试者着重解决基地的现状的规划设计，除此之外还应该有设计师本人的设计想法，解决交通、建筑群体关系、开放空间体系以及整体技术经济指标的合理性等问题。

2.方案构思

制订设计方案 {
收集信息
设计分析
方案构思
方案呈现
方案筛选
}

①方案构思的技术性

所谓技术性——要符合国家和地方的相关技术规定，要符合国家和地方倡导的政策方针，要符合地方风俗习惯，要符合题目要求的设计目标和技术深度。

②方案构思的创作性

城市规划的创作性是指设计师在专业技术的运用基础上，能够更深刻更巧妙地进行设计。一个好的设计方案一般体现在几个方面：第一，立意明确、贴切。第二，构思巧妙、新颖。第三，形式美观、合理。第四，技术经济指标的精确。

3.空间释义

①总平面

亦称"总体布置图"，按一般规定比例绘制，表示建筑物，构筑物的方位、间距以及道路网、绿化、竖向布置和基地临界情况等。图上应标注指北针、风玫瑰图等重要的标记。

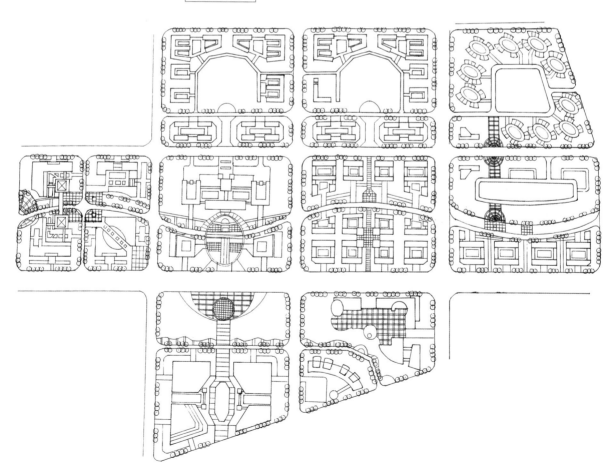

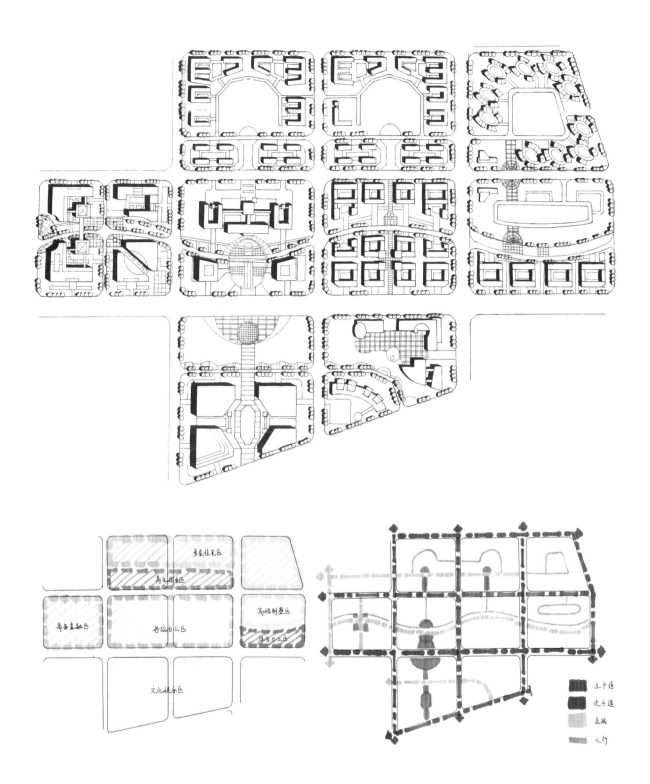

②表现图

　　表现图的方法和技法很多，根据应试者的具体要求而定，一个好的效果图应该能反映出设计者的意图。比较常用的表现技法有马克笔技法、彩铅技法和水彩技法等。

4. 设计说明

　　快题设计说明要求应试者在短时间内对自己设计的方案，有一个明确精准的概括，通常字数不要求过多，根据分析图来理清思路，能够将所阐述的方案有条理地表达出来。

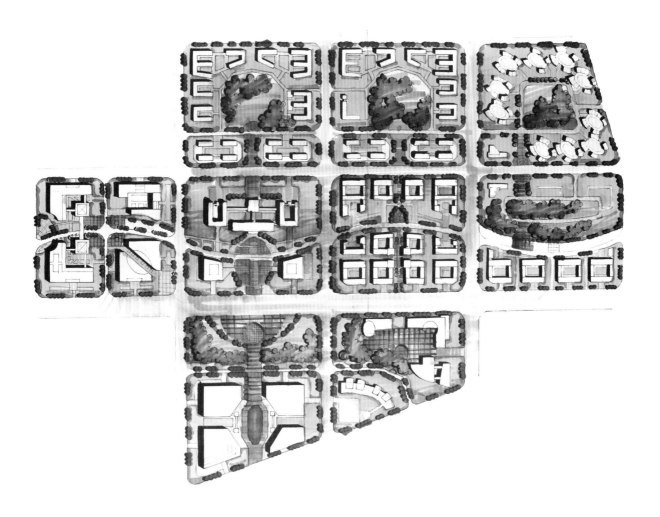

第十三天
「居住区规划设计方案讲解」

居住区规划在快题设计当中是比较常见的题型，在很多题型当中都会涉及，比如城市中心。居住区按居住户数或人口规模可分为居住区、小区、组团三级。各级标准控制规模，应符合以下规定：

居住区分级控制规模表

	居住区	小区	组团
户数（户）	10000~16000	3000~5000	300~1000
人口（人）	30000~50000	10000~15000	1000~3000

居住区的规划布局形式可采用居住区－小区－组团、居住区－组团、小区－组团及独立式组团等多种类型。居住区的配建设施，必须与居住人口规模相对应。其配建设施的面积总指标，可根据规划布局形式统一安排、灵活使用。

居住区的规划设计，需要注意以下几点：

①统一规划、合理布局、因地制宜、综合开发、配套建设。

②综合考虑所在城市的性质、社会经济、气候、民族、习俗和传统风貌等地方特点和规划用地周围的环境条件，充分利用规划用地内有保留价值的河湖水域、地形地物、植被、道路、建筑物与构筑物等。

③适应居民的活动规律，综合考虑日照、采光、通风、防灾、配建设施及管理要求，创造安全、卫生、方便、舒适、和优美的居住生活环境。

④考虑社会、经济和环境三方面的综合效益。

居住区用地平衡控制指标表（%）

用地构成	居住区	小区	组团
1.住宅用地（R01）	50~60	55~65	70~80
2.公建用地（R02）	15~25	12~22	6~12
3.道路用地（R03）	10~18	9~17	7~15
4.公共绿地（R04）	7.5~18	5~15	3~6
居住区用地(R)	100	100	100

人均居住区用地控制指标表（m²/人）

居住规模	层数	建筑气候区划		
		I、II、VI、VII	III、V	IV
居住区	低层	33~47	30~43	28~40
	多层	20~28	19~27	18~25
	多层、高层	17~26	17~26	17~26
小区	低层	30~43	28~40	26~37
	多层	20~28	19~26	18~25
	中高层	17~24	15~22	14~20
	高层	10~15	10~15	10~15
组团	低层	25~35	23~32	21~30
	多层	16~23	15~22	14~20
	中高层	14~20	13~18	12~16
	高层	8~11	8~11	8~11

注：本表各项指标按每户3.2人计算。

居住区的规划布局，应综合考虑周边环境、路网结构、公建与住宅布局、群体组合、绿地系统及空间环境等的内在联系，构成一个完善的、相对独立的有机整体。

①方便居民生活，有利安全防卫和物业管理。

②合理组织人流、车流和车位停放，创造安全、安静、方便的居住环境。

③规划布局和建筑应体现地方特色，与周围环境相协调。

④合理设置公共服务设施，避免烟气（味）、尘及噪声对居民的污染和干扰。

⑤精心设置建筑小品，丰富与美化环境。

⑥注重景观和空间的完整性，市政公用站点等宜与住宅或公建结合安排；供电、电讯、路灯等管线宜地下埋设。

⑦公共活动空间的环境设计，应处理好建筑、道路、广场、院落绿地和建筑小品之间及其与人的活动之间的相互关系。

⑧便于寻访、识别和街道命名。

⑨在重点文物保护单位和历史文化保护区保护规划范围内进行住宅设计，起规划设计必须遵循保护规划的指导；居住区内的各级文物保护单位和古树文物保护单位和古树名木必须依法予以保护；在文物保护单位的建设控制地带内的新建建筑和构筑物，不得破坏文物保护单位的环境风貌。

⑩旧区改建的项目内新建住宅日照标准可酌情降低，但不宜低于大寒日日照1小时的标准。

案例：

项目位于中国西南部，占地面积约为300000m²，项目周边均为城市道路。

项目道路网为多个环形道路相互串联而成，将整个场地分为四大功能区域：高层、花园洋房、联排别墅，

以及北面商业街，整个地块容积率为1.66，建筑排布方式随形就势，在取得好的朝向的基础之上充分利用景观面，形成节奏感强的建筑组合。北面商业街为坡屋顶建筑，与社区公建相结合，既对内服务社区居民，又设有道路联通场地外部，服务于城市居民。

本案对水系的利用丰富、大胆，为突出低密度奢居这一理念，本案围绕水系做了多层次的景观空间，又将水系穿插至各个建筑组团，营造出"临水而居"的居住感受。

景观轴线形式感较强，东南高层组团景观以圆弧形作为基本元素，广场形态、道路以及水体形态多以圆弧形相呼应。建筑朝向也较为自由，北面联排别墅区建筑均朝向景观面，形成带状绿地布局。西北面建筑为正南北排布，组团式绿地穿插于每栋之间，为规整式景观绿地。

整体四大区域衔接方式多变、自然。统一中又有变化。

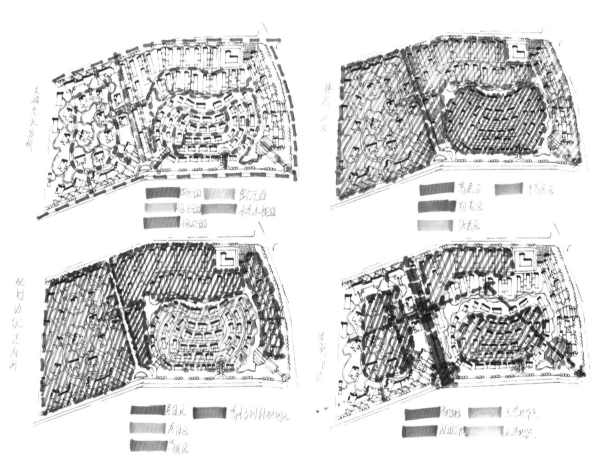

分析图。

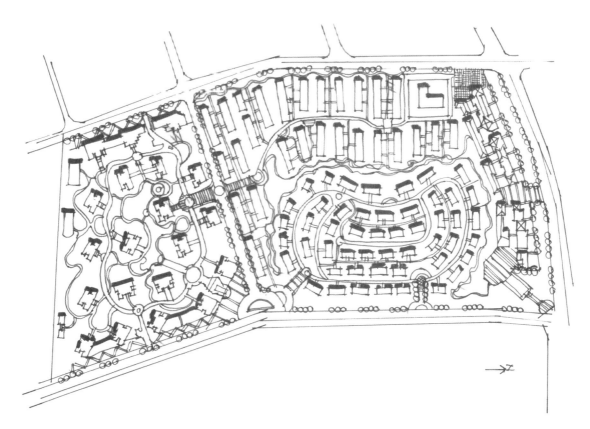

平面图墨线稿，用徒手表达的方式可以节省时间。

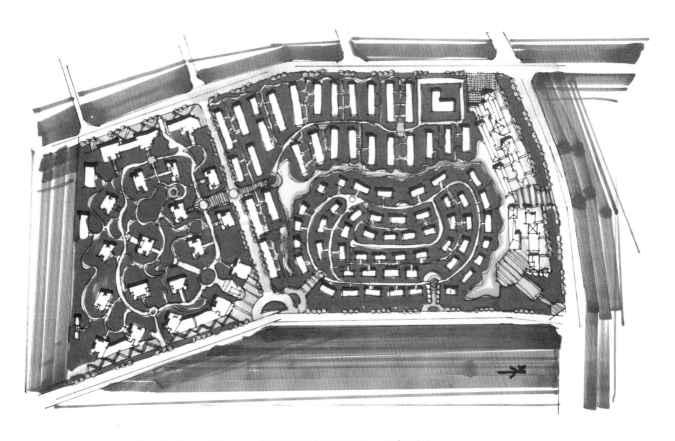

平面图彩稿部分，上色时为了提高画面的效果，把草地的基本色调定为暖色，把建筑留白。

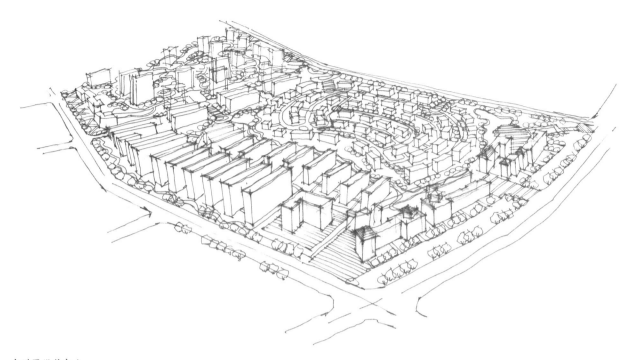

鸟瞰图线稿部分。

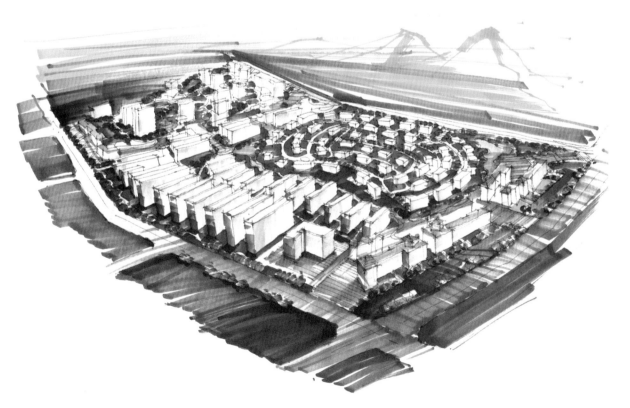

鸟瞰图上色部分。

本方案结构清晰，交通完善，对于商业建筑的
处理考虑充分，但是缺点是对于景观带的处理比较
弱，需要加强。

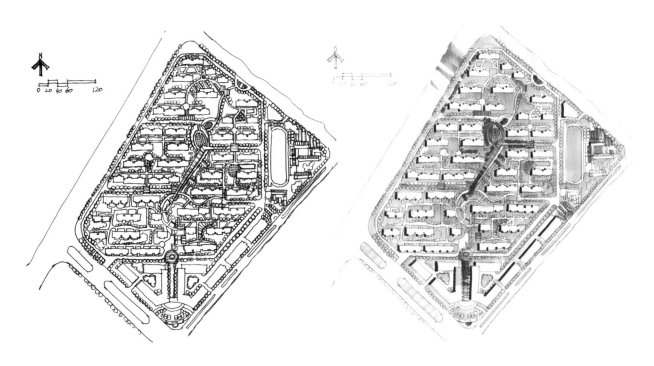

平面图墨线稿。

平面图色彩稿。

鸟瞰图上色部分。

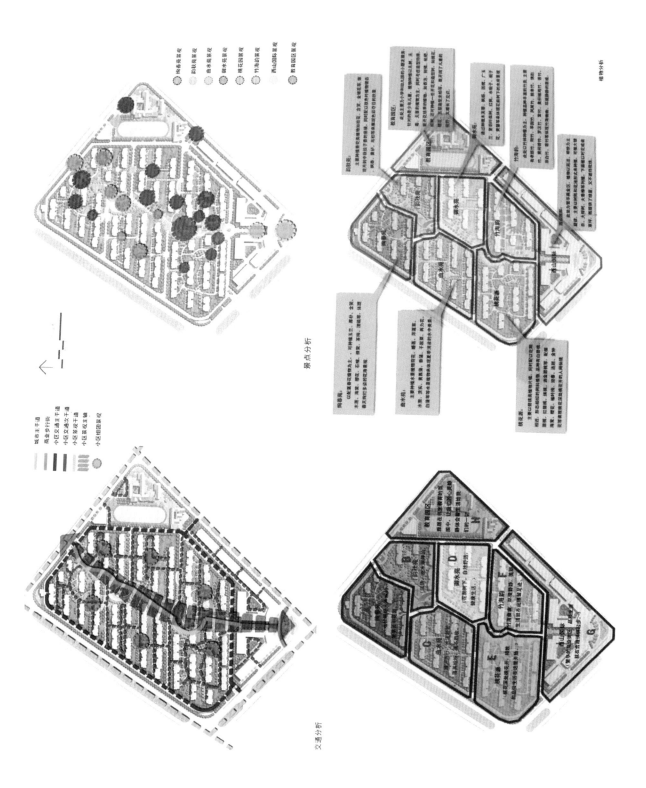

景点分析

植物分析

交通分析

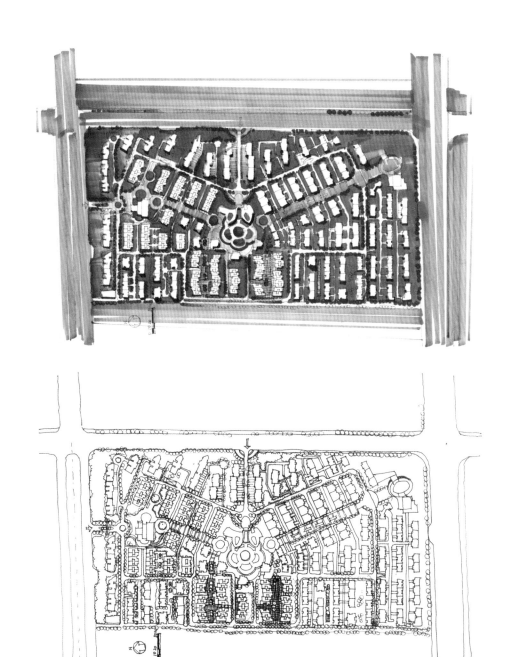

平面图彩稿部分。

平面图墨线稿。

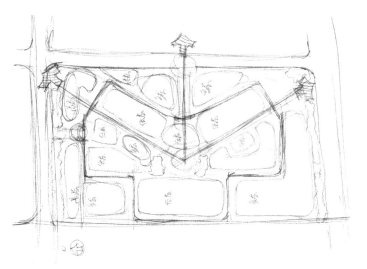

平面图打稿部分，先确定整体方案的布局，结构、道路的布局。

本方案整体把握较好，对于方案整体的处理有几个方面是比较到位的，比如讲整体地块规划为高层、中高层、低层，以及别墅区，在整体的交通上人车分流，将步行系统和景观结合在一起，莲花型设计图形和周边建筑结合在一起，处理得比较到位。

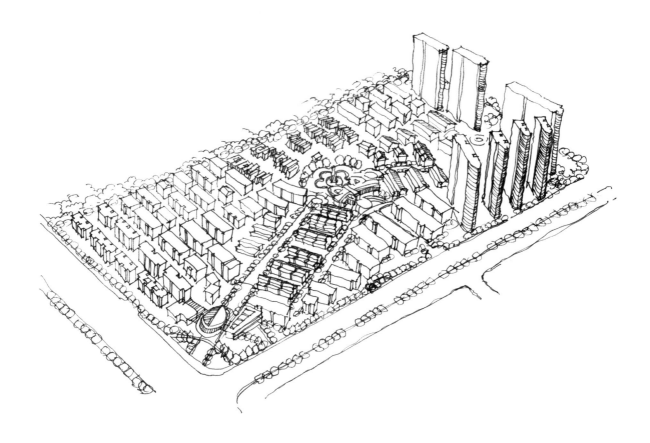

鸟瞰图线稿部分。

鸟瞰图上色部分。

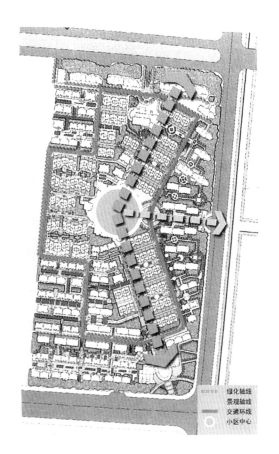

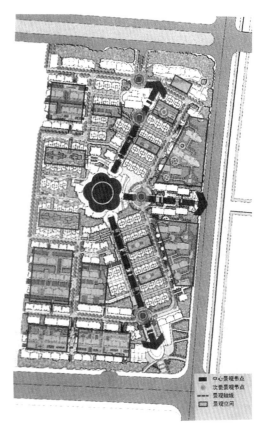

分析图。

第十四天
「城市中心区规划方案设计讲解」

在掌握了基本知识的前提下，开始独立完成城市中心设计。城市中心设计方案应该特别注意建筑物的基本功能、形态以及整体方案的合理性，比如容积率等技术指标的问题，在建筑造型上更应该特别注意。

方案设计的注意事项：

1. 设计概念——因地制宜策略和选择性填充

① 在新开发与历史文化风貌区之间寻求一种平衡。

② 强调整体的同时，强化各不同功能分区的特点。

2. 土地利用和活动框架——使用功能的有机结合

① 居住面积虽然有所增加，但所占比例有所下降。增加商业、办公以及宗教用地。

② 区域重建包括综合多种使用功能，加强外滩CBD的活力、多样性、安全性和综合性。所以，本次规划没有对土地利用进行严格的分配，但鼓励多功能用途的建筑。

3. 建筑形态——保留、改造、重建多元并举

① 保留高质量建筑的原有立面，对其内部进行整修，满足现代化办公的需求。

② 对风貌不佳的街区进行大范围填充，但必须对外滩特色的元素进行提炼，并保持与相邻建筑的临街立面协调。新增建筑要与同区域内保留建筑的体量保持协调。

4. 交通组织——道路分级与人车分流多层级结合

① CBD边缘主干道以车行道为主，形成主要的区域道路网。

② 商业街、历史街区和旅游点为行人优先道路。

③ 禁止汽车通行的步行街，仅供公交车辆和少量的服务车辆通行。

位于中国华南地区，规划为集酒店、商业、写字楼、精品住宅于一体的大型都会综合体。方案设计旨在营造现代、亲切、自然的生活氛围，将建筑语言与景观完美衔接。项目背山面水，西面为山体、东南临海。整个场地为开放式布局，沿街商铺均对外开放，建筑排布为沿街向心式布局。车行环路布置在建筑外围，与人行系统完全隔离开来。景观设计自然、亲和。秉承中国古典园林设计风格，步行系统曲折往复，以弧形为基本元素，节奏感强。水系设计主次分明，景观层次丰富。北面三角地带作为街头绿地处理，模纹花坛形式感强，成为标志性景观。

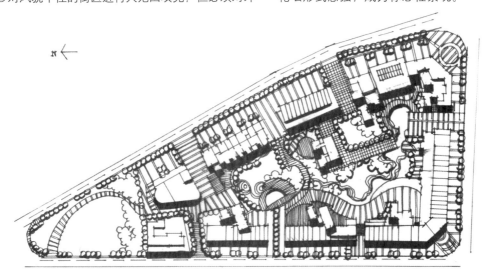

平面图墨线稿，用徒手表达的方式可以节省时间。

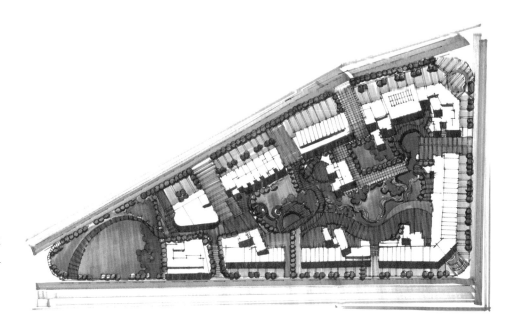

平面图彩稿部分，建筑中心设计地面铺装以暖色为主。

鸟瞰图线稿部分。

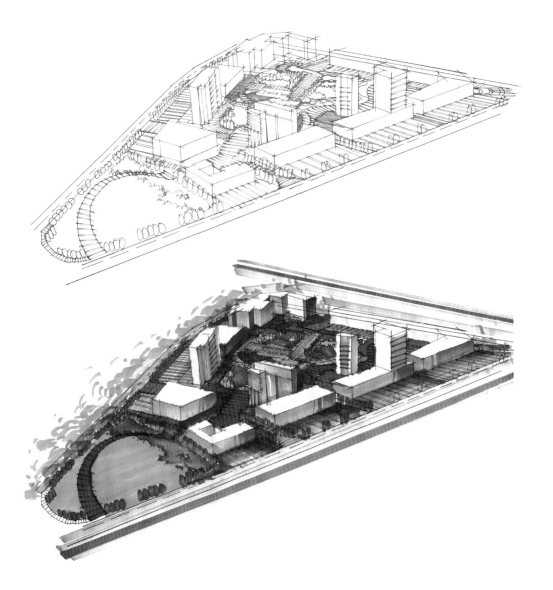

鸟瞰图上色部分。

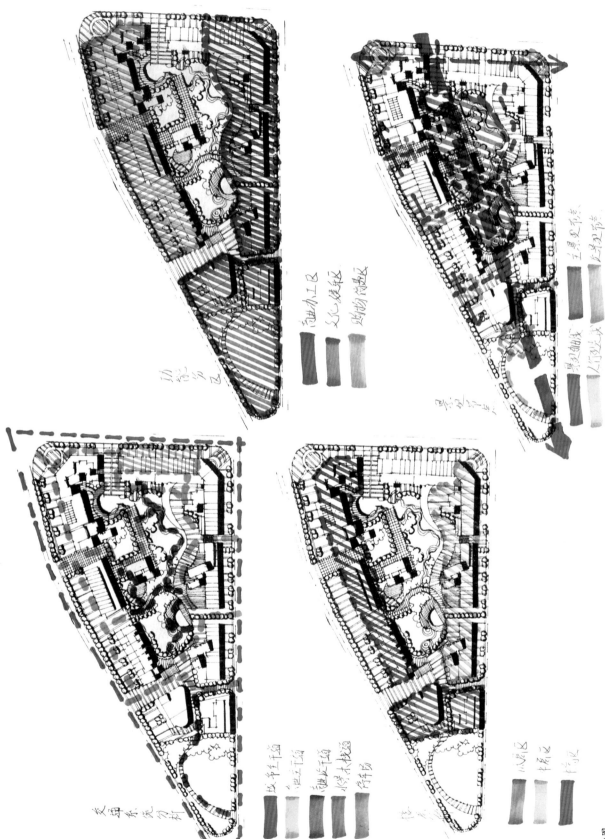

分析图。

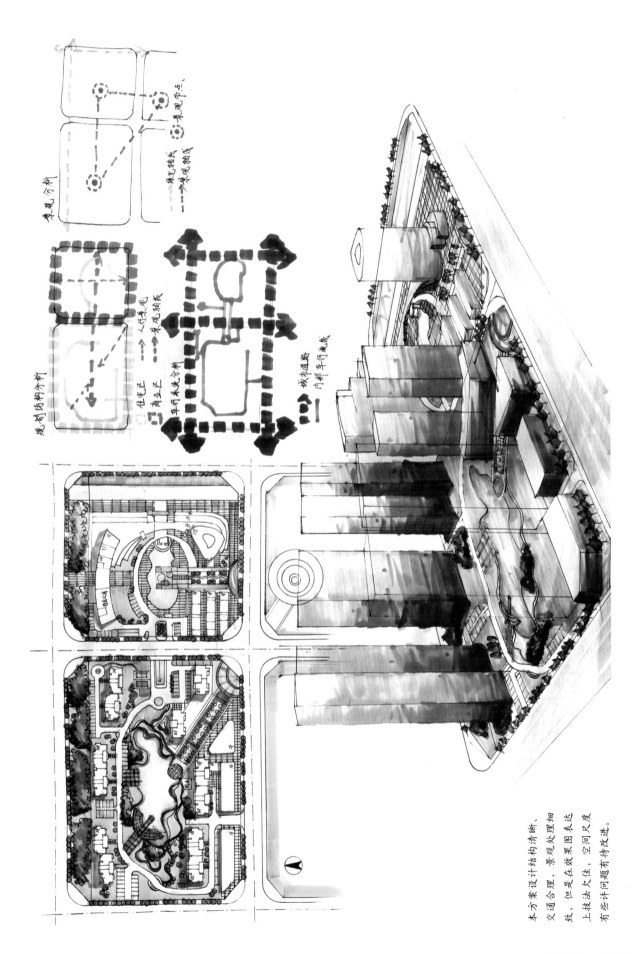

本方案设计结构清晰，
交通合理，景观处理细
致，但是在效果图表达
上技法大佳，空间尺度
有些许问题待改进。

本方案设计结构运用巧妙，建筑形式灵活有韵律，特别是在交通处理和景观结构上配合得比较到位，是比较好的方案。

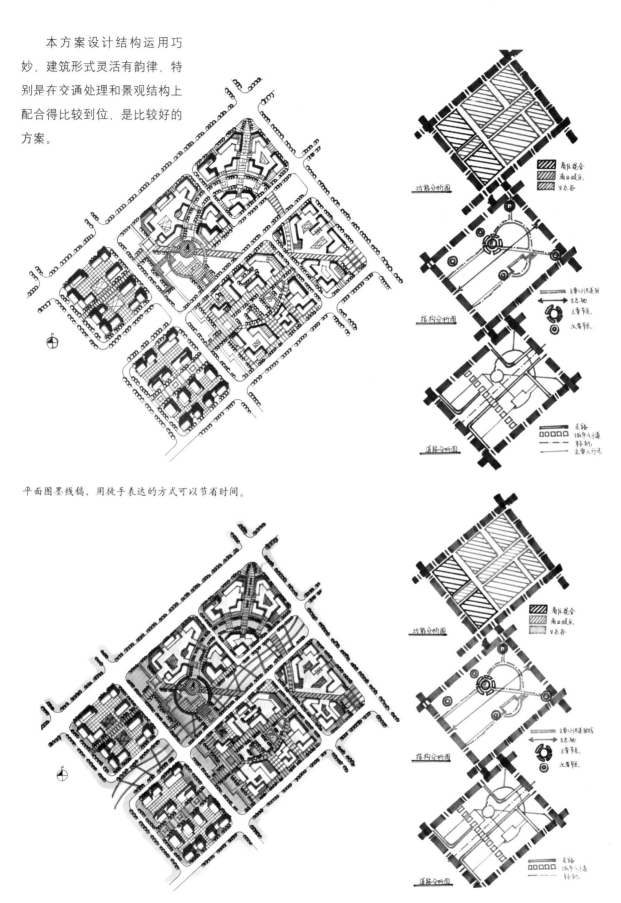

平面图墨线稿，用徒手表达的方式可以节省时间。

平面图彩稿部分，建筑中心设计地面铺装以暖色为主。

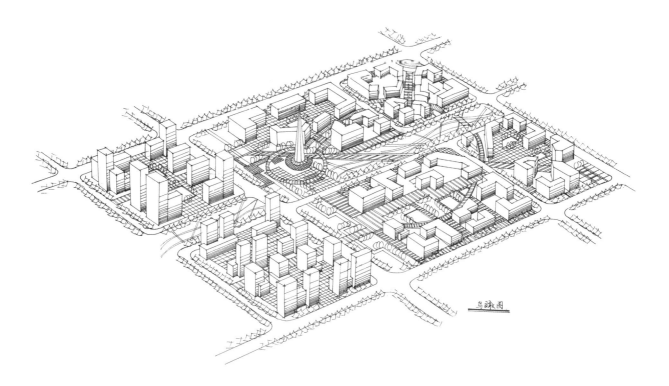

鸟瞰图线稿部分，透视合理竖向尺度表达准确。

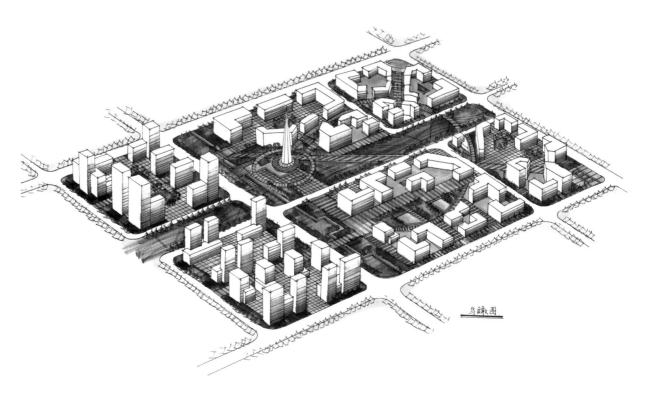

鸟瞰图上色部分，色彩把握住了整体的呼应关系。

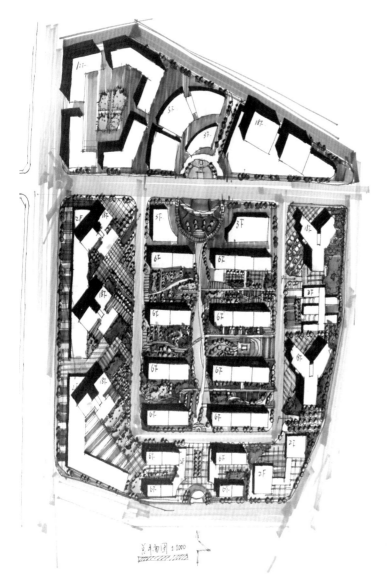

总平面图 1:1000

本方案为某高校的三小时快题，图面表达较为完整，整体比较合理，但是交通组织欠佳，有待改进。

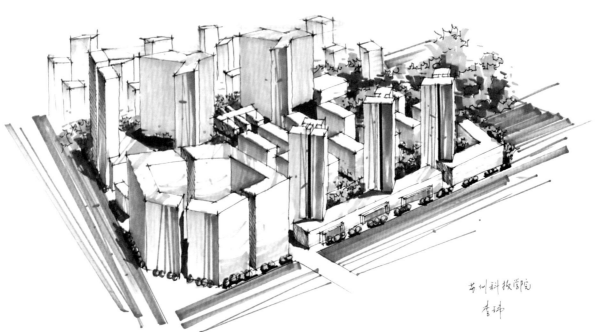

苏州科技学院
李琳

第十五天
「生态城规划设计方案讲解」

深入学习和了解相关的理论知识，以及如何在方案中表达、体现出生态的概念。

生态城市 ecological city，从广义上讲，是建立在人类对人与自然关系更深刻认识的基础上的新的文化观，是按照生态学原则建立起来的社会、经济、自然协调发展的新型社会关系，是有效利用环境资源实现可持续发展的新的生产和生活方式。狭义地讲，就是按照生态学原理进行城市设计，建立高效、和谐、健康、可持续发展的人类聚居环境。是社会、经济、文化和自然高度协同和谐的复合生态系统，其内部的物质循环、能量流动和信息传递构成环环相扣、协同共生的网络，具有实现物质循环再生、能力充分利用、信息反馈调节、经济高效、社会和谐、人与自然协同共生的机能。

生态城市的标准：

①广泛应用生态学原理规划建设城市，城市结构合理、功能协调。

②保护并高效利用一切自然资源与能源，产业结构合理，实现清洁生产。

③采用可持续的消费发展模式，物质、能量循环利用率高。

④有完善的社会设施和基础设施，生活质量高。

⑤人工环境与自然环境有机结合，环境质量高。

⑥保护和继承文化遗产，尊重居民的各种文化和生活特性。

⑦居民的身心健康，有自觉的生态意识和环境道德观念。

⑧建立完善的、动态的生态调控管理与决策系统。

生态城市的特点：

生态城市具有和谐性、高效性、持续性、整体性、区域性和结构合理、关系协调七个特点。

①和谐性：生态城市的和谐性，不仅仅所有人回归自然，贴近自然，自然融于城市，更重要的在人与人关系上。生态城市是营造满足人类自身进化需求的环境，充满人情味，文化气息浓郁，拥有强有力的互帮互助的群体，富有生机与活力。文化是生态城市重要的功能。

②高效性：生态城市是改现代工业城市"高能耗""非循环"的运行机制，提高一切资源的利用率，优化配置，物质、能量得到多层次分级利用。

③持续性：兼顾不同时期、空间、合理配置资源，公平地满足现代人及后代人在发展和环境方面的需要，不因眼前的利益而"掠夺"的方式促进城市暂时"繁荣"。

④整体性：生态城市不是单单追求环境优美，或自身繁荣，而是兼顾社会、经济和环境三者的效益，不仅仅重视经济发展与生态环境协调，更重视对人类质量的提高，是在整体协调的新秩序下寻求发展。

⑤区域性：生态城市作为城乡的统一体，其本身即为一个区域概念，是建立在区域平衡上的，而且城市之间是互相联系、相互制约的，只有平衡协调的区域，才有平衡协调的生态城市。

⑥结构合理：一个符合生态规律的生态城市应该结构合理。合理的土地利用，好的生态环境，充足的绿地系统，完整的基础设施，有效的自然保护。

⑦关系协调：关系协调是指人和自然协调，城乡协调，资源，环境胁迫和环境承载能力协调。

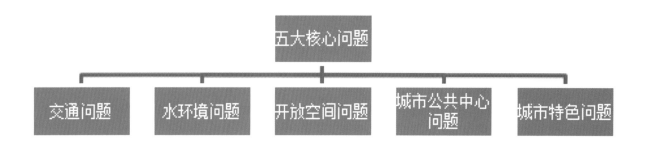

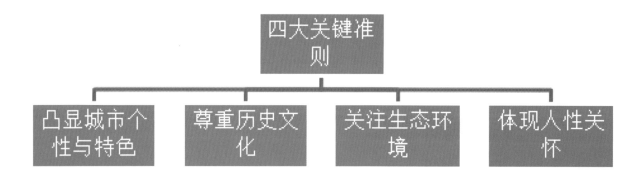

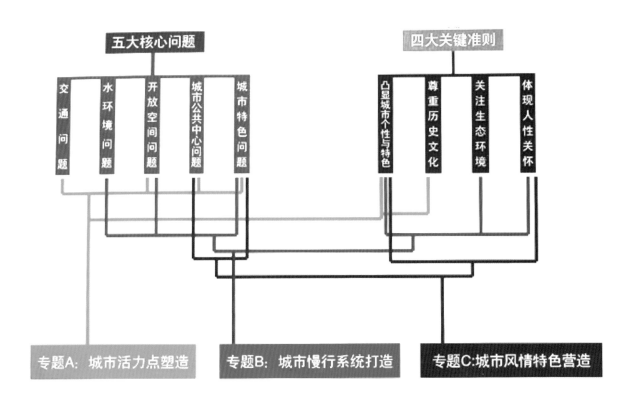

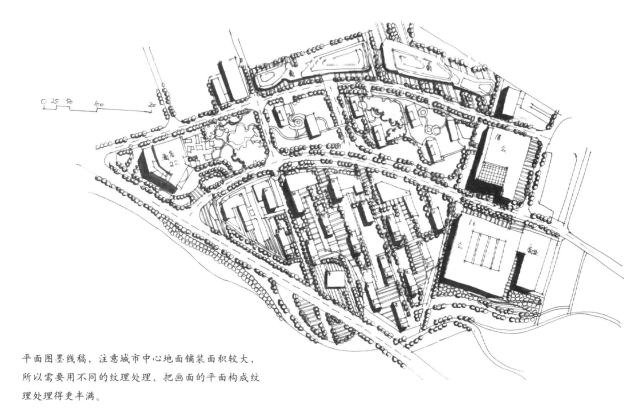

平面图墨线稿，注意城市中心地面铺装面积较大，
所以需要用不同的纹理处理，把画面的平面构成纹
理处理得更丰满。

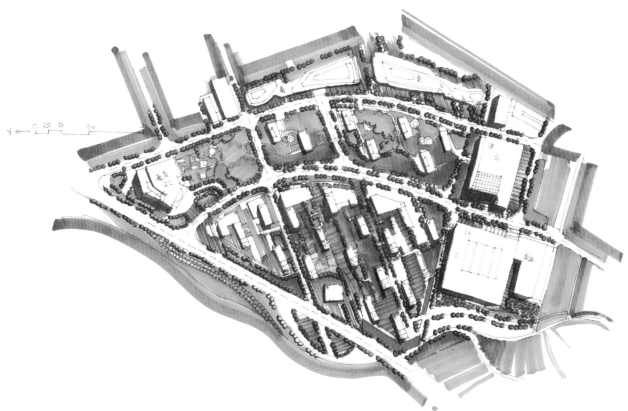

平面图彩稿部分，建筑中心设计地面铺装以暖色
为主。

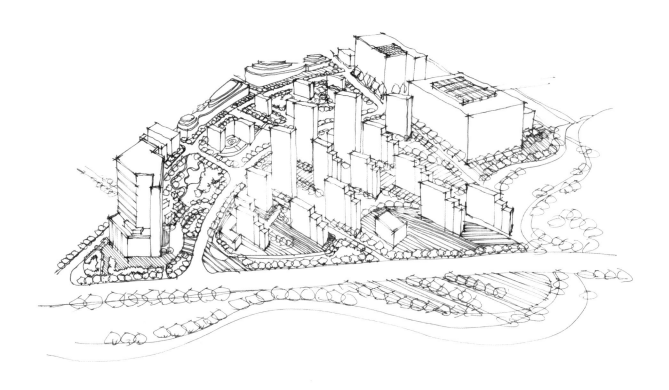

鸟瞰图部分采用了轴侧图和效果图结合的方法，把平面图的内容更好地表达出来。

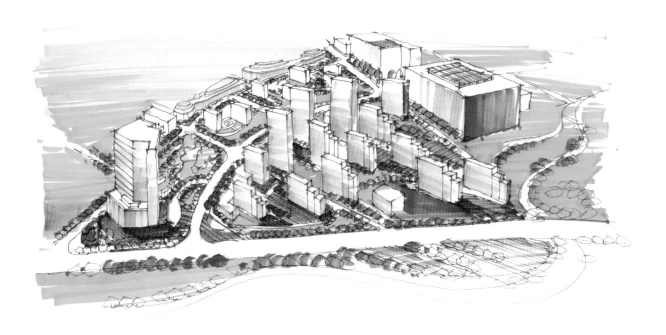

鸟瞰图上色部分。

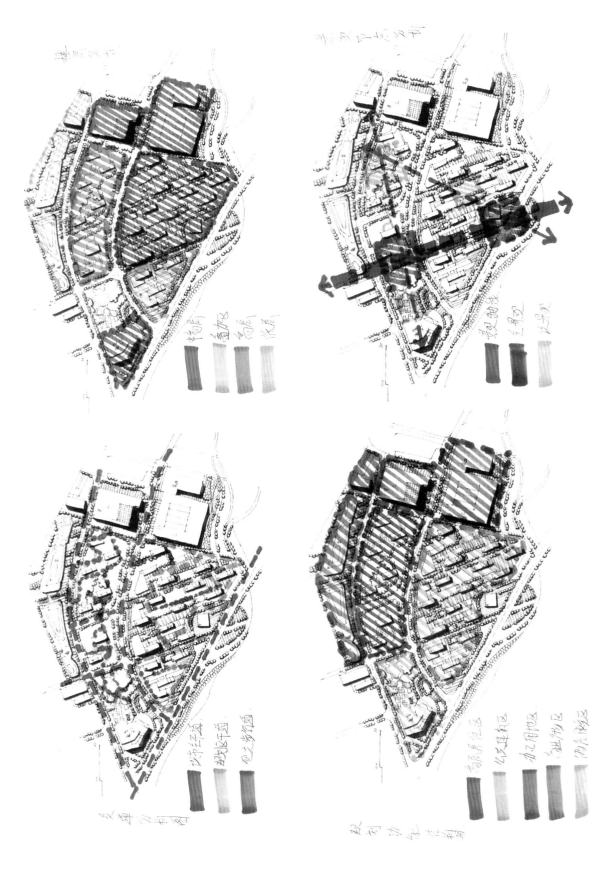

分析图包括了交通分析、景观分析等。

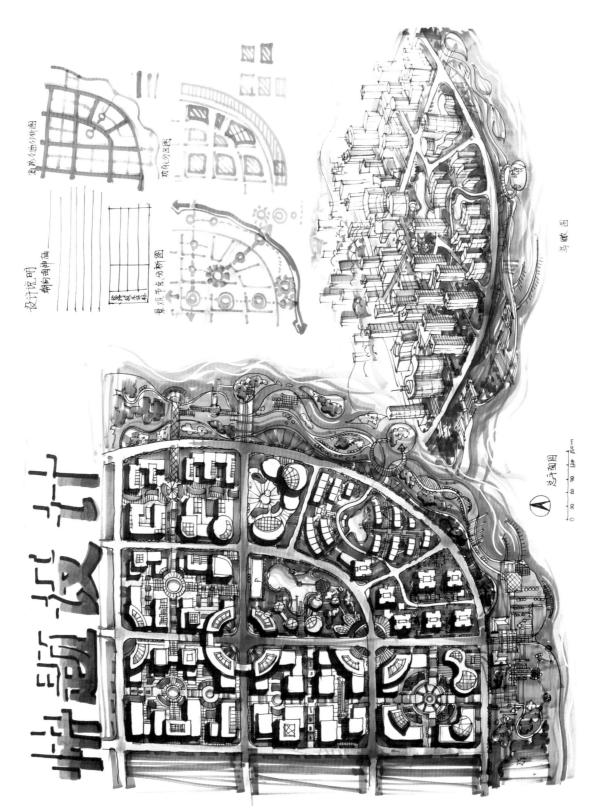

城市规划设计

设计说明
朝阳海神庙

景观节点分析图

商业业态分析图

功能分区图

总平面图
0 30 60 90 120 150m

鸟瞰图

本方案结构清晰、交通合理、景观处理大佳，但灵人行处理大佳，景观处理的草率，整体的建筑的容积率偏大，过于拥挤，设计说明，需要改进。整个方案的效果图表达较为准确。

第十六天
「风景旅游区规划设计方案讲解」

旅游景区是旅游发展的根本基础、聚集人气的核心载体、引发消费的重要平台。从吸引力打造，到游憩、景观、建筑设计，再到建造、运营管理等，这一系列过程共同构成了一个完整的旅游景区规划设计架构。

1. 旅游景区特色吸引力设计

任何一个旅游产品或一个区域旅游发展都离不开吸引力和吸引核。5A级旅游景区或核心旅游景区中，能构成吸引力的核心产品或者在核心产品中最具有吸引力的内容我们称之为吸引核。例如，九寨沟的奇幻水景、桂林的漓江峰丛地貌等独特的大自然景观，迪士尼、欢乐谷等人造主题乐园，这些都具有吸引力。吸引力打造的关键在于其精准的定位，这要求对资源、市场、文化等要有深度的认知，能主导整个游憩过程。

2. 游憩方式设计

旅游目的地之所以吸引游客不断到来，不仅仅是因为吸引物本身的独特性，还必须形成最大限度满足游客游憩需要的具体的观赏、游乐、体验方式，即游憩方式设计。游憩方式落地为具体的项目和游线安排，成为可以实现的目的地内涵。游憩模式设计是景区提升策划设计的主体内容，对景区转型起到至关重要的作用，也是收入模式设计、管理模式设计、营销模式设计的基础。游憩方式的创新，主要通过游憩线索、游憩节奏、游憩方式、游憩内容、游憩氛围五个方面的创新来实现。

3. 景观设计

旅游项目中的景观，应该具备独特性、唯一性，景观本身应成为吸引游客的因素，提升旅游区的整体吸引力，而不能仅仅满足功能和一般景观的要求。景观设计不仅包括自然景观设计，还包括文化景观设计，文化景观设计由文化观光向文化体验设计发展，文化体验景观设计通过运用多种手段及媒介营造一种氛围

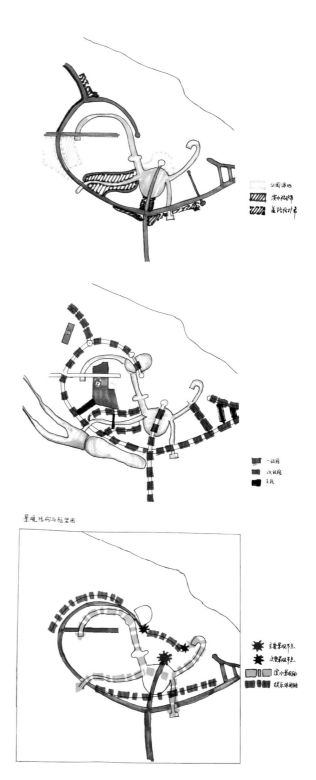

与情景，让人沉浸其中，享受一系列难忘的经历，它具有参与性、互动性、消费性等特点。主要通过情景化、动感艺术化、互动艺术化及游乐化等方法打造。

4. 建筑设计

旅游建筑设计是建筑设计中的一个专业化细分方向，特别是对于游客中心、旅游接待酒店、标志性景观建筑等，如何有效结合旅游的吸引力功能、文化表现与标志性、接待功能、集散功能、休闲功能等，有特殊的要求。

5. 游乐设施设备设计

游乐设施设备设计是一门综合性的技术，包括设备开发设计和设备运用设计。大多数旅游项目，是依据已有的设备设施，把现成的技术转化为适用产品的功能，实现旅游项目的落地。

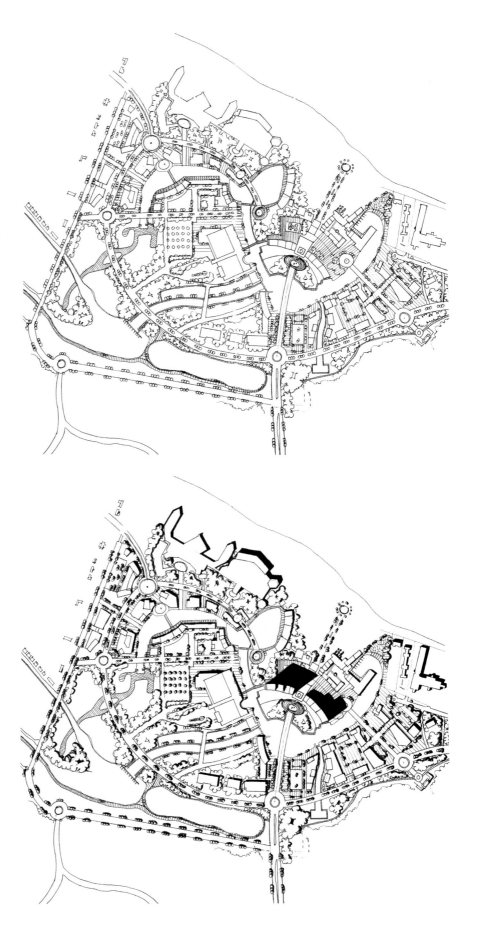

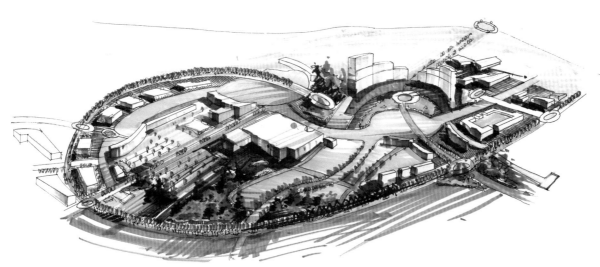

第十七天
「历史区改造设计方案讲解」

1. 总体规划方案建议

明确规划定位：为项目区域确立高品质、协调统一的定位。

区域风貌融合：与现有的南北相邻的规划区紧密融合。

城市空间互补：在土地利用和城市规模上与陆家嘴 CBD 形成互补。

确立次特征区域：通过土地利用和城市模式，建立"次特征区域"，从而形成具有吸引力、充满活力的各个区域。

保留建筑策略：保留历史建筑的精华。

有针对性设计：欢迎新的开发项目，在某些地点需要谨慎、敏感设计，在其他地点可以进行开放的设计。

加强门户的建设：创造明确的"引人入胜的感觉"。

2. 城市更新的主要问题

①城市化与郊区化二元并存——城市空间结构失衡。

②全球化与经济利益的冲击——城市特色消失。

③开发强度与基础设施承载力的冲突——城市环境恶化。

3. 城市更新模式

①宏观层面

宏观意义上，城市更新的模式一般可分为重建、整建及保护三种。

重建：即破坏原有结构的基础并且建立新的城市规划布局。这种方式最为激进，耗费最大，也最具创意性，但进行缓慢，且容易遭受阻难，除非其他模式不可行时才可以使用。

整建：即或多或少地从根本上改变原有结构，结构的变化决定于发展的需要，通过开拓空间，增加新的内容以提高环境质量，适合于城市结构尚可继续使用，但因城市管理不当及城市公共设施未予更新的区域。这种方式较重建模式迅速完成，也可免除拆迁安置的困扰，不需庞大资金而显较缓和的模式，适用于现已衰落，但仍可复原而无需重建的地区或建筑物，除防止其继续衰落外，还应改善其公共服务设施系统与城市环境。

整建模式比较符合"可持续发展"的思想。

保护：即保留历史上业已形成的结构总特点而不做过多的改变，对于旧城历史地段，建筑物有健全并充分的保持，区域状态良好，往往会采取保护模式进行城市更新。这种方式最为缓和而灵活，也是耗费最低的办法，是预防性的措施。但单一的采取保护模式往往无法适应以产业发展为导向的经济社会的发展。

②微观层面

现代意义上的城市更新已然不是以建筑寿命来衡量，而是由产业变迁所驱动。经济的潮起潮落和产业的兴衰更替决定了城市更新的速度与节奏。因此，土地的区位价值开始凸显，城市在资源循环的逻辑下迈向服务业，城市更新的模式也以产业变迁为导向。

4. 以可持续的发展理念为前提——从城市空间角度

①规划目标

从历史古镇走向可持续发展的花园城。

②规划策略

功能复合：住宅、商业、办公等功能混合在一起，形成一个综合性的社区或城市，将实现从功能到建筑、空间、景观乃至居民的多样性。

多层级中心：由商业、行政、商务办公、文化教育等中心集聚构成社区公共中心，各住宅区中设置留个邻里中心。

生态优先：优先生态、尊重自然，最大限度地保护原生态的自然山水环境，充分挖掘和利用景观资源，使城市与自然环境有机融合，浑然一体。

活力街道：采用"道／路／街"的道路组织模式，道系统——交通性道路分离；路系统——普通城市道路的分级；街系统——生活性街道的优化。绿色出行方式，多层次公交系统——便捷的公交换乘；独立自行车系统——舒适自行车环境；多重步行体验——宜人的步行尺度。

③指导原则

方式一：最大限度保留原有构筑物。

方式二：有条件拆迁改造＋部分保留原有构筑物。

方式三：拆迁改造。

5. 旧城改造指导原则及操作方法

①多手段并用实施城市更新。主要以政策杠杆、市场机制等引导城市更新区域内的功能转换、形象改造及开发改造时序等问题。

②产业空间重新布局及功能转换。重点对城市核心区现有产业进行功能转换，通过将现有工业与南部区域工业用地的整合，置换不适宜产业，进行产业的更新淘汰，转变成城市核心区域。

③更新改造与城市风貌功能相协调。根据规划所制定的区域风貌特色，对各片区进行建筑风格的界定，通过对原有构筑物的外观翻新、内部结构维护及重建改造等方法，使旧区的建筑风貌、功能配置与未来周边区域和谐协调。

④标准制定、贯彻实施。根据不同区域的功能定位、风貌特色、土地的开发价值、建筑高度控制、建筑年限等作为建设区内城市更新活动的遴选条件，便于具体的实施贯彻。

⑤广泛参与、意见整合。透过规划方案与城市更新所涉及区域的利益各方进行沟通协调，整合各方意见，逐步优化最终得到各方满意的城市更新方案。

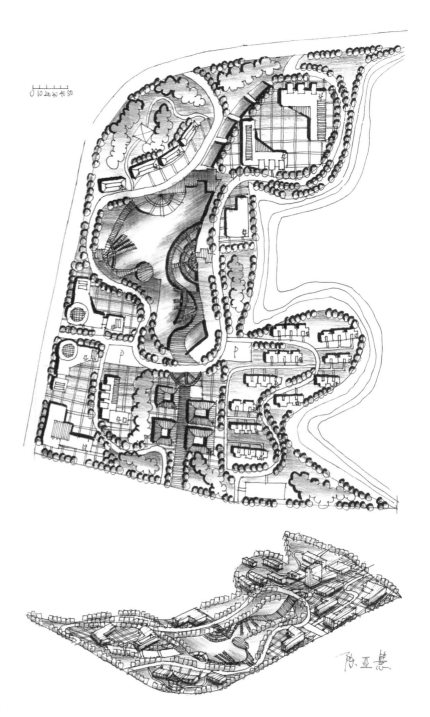

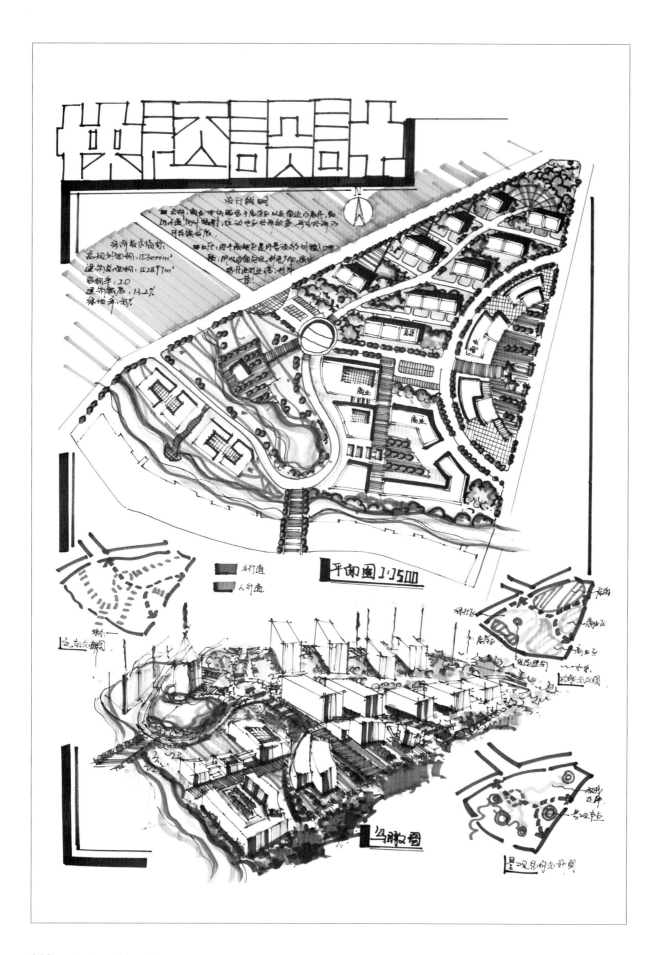

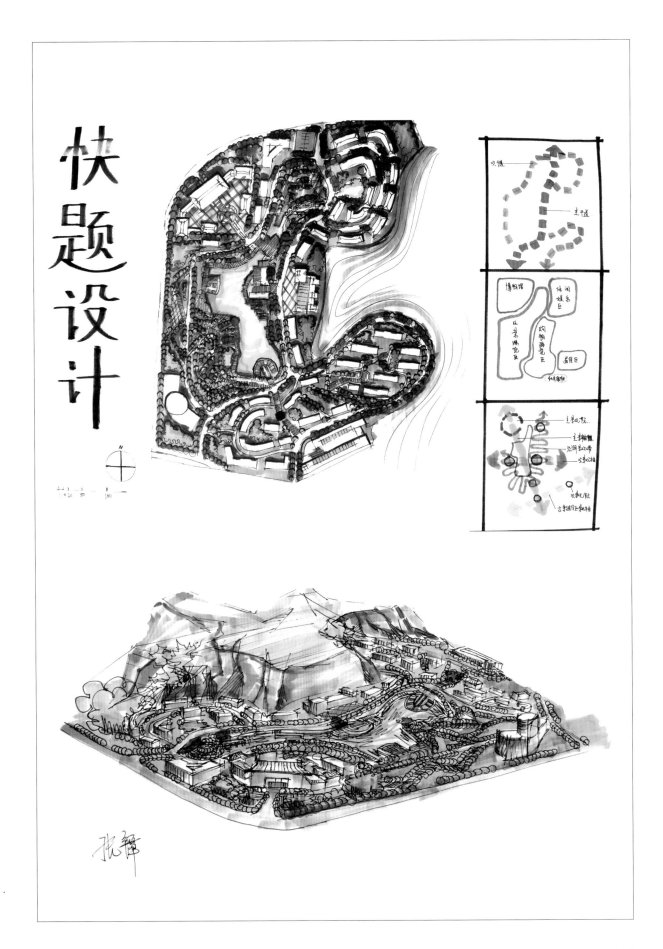

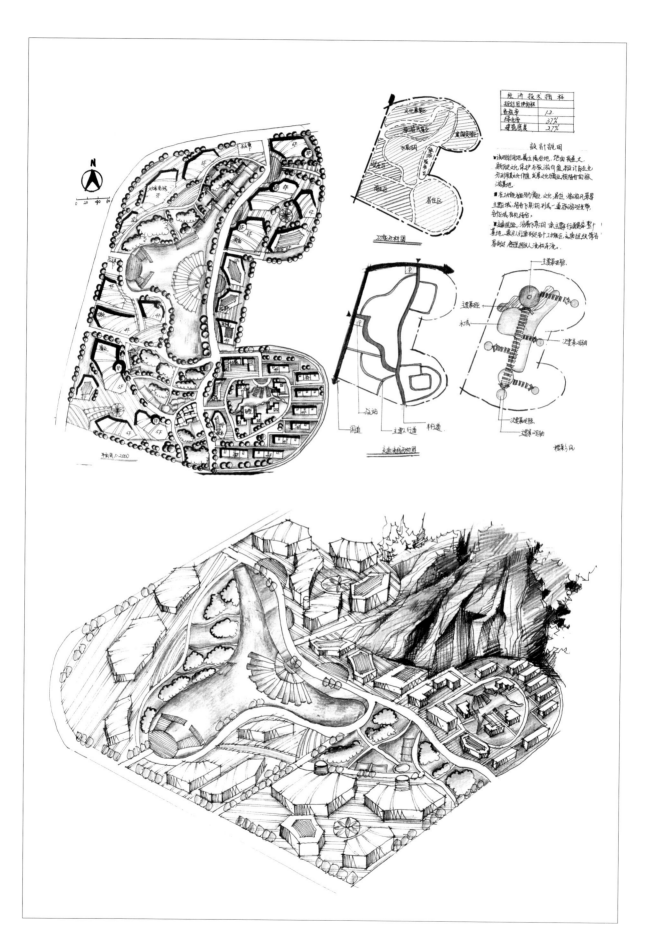

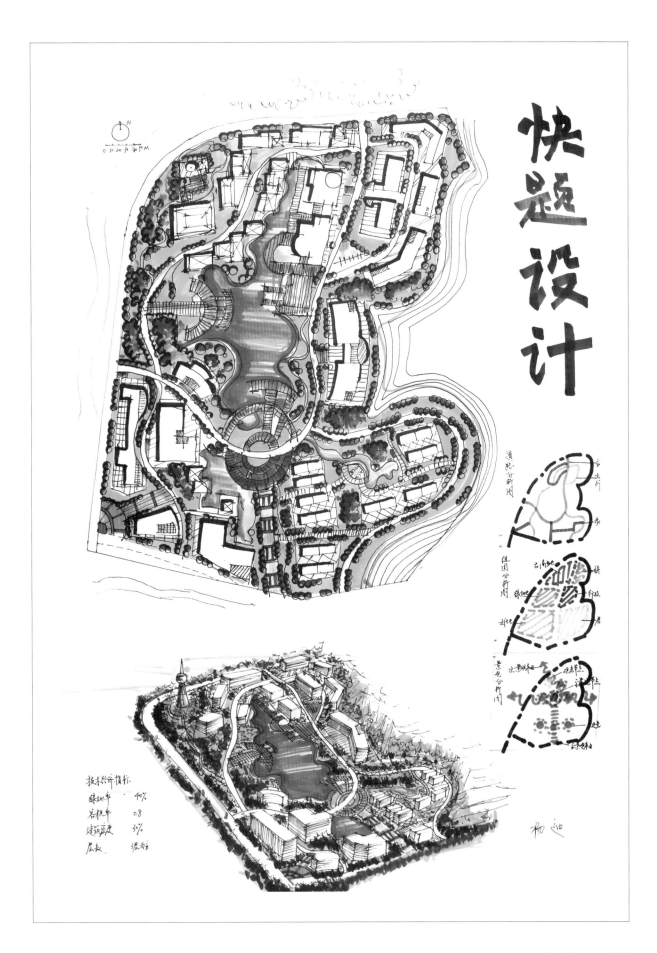

快题设计

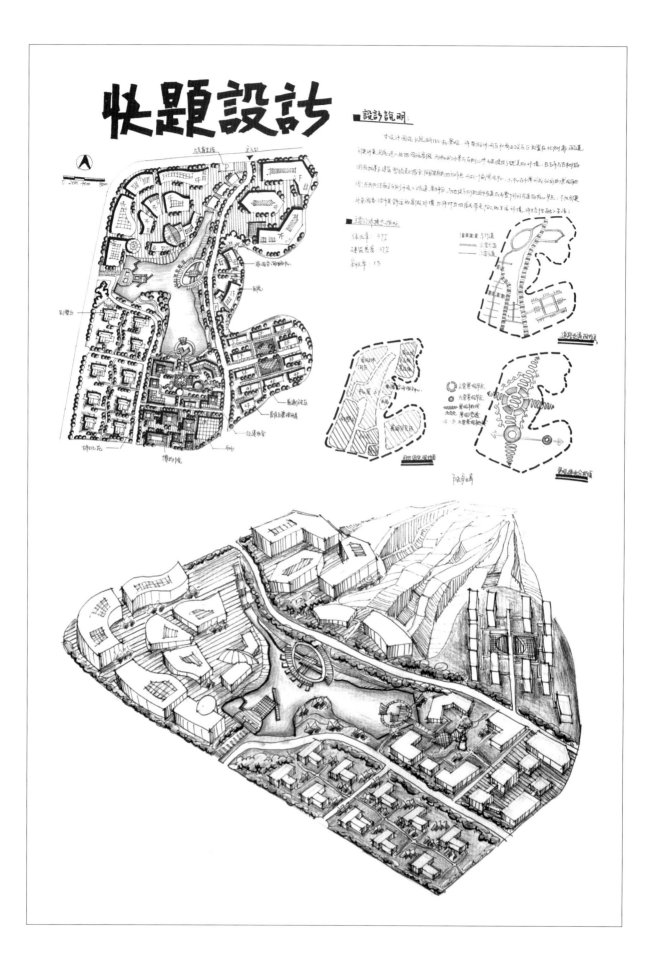

快题设计

快题设计

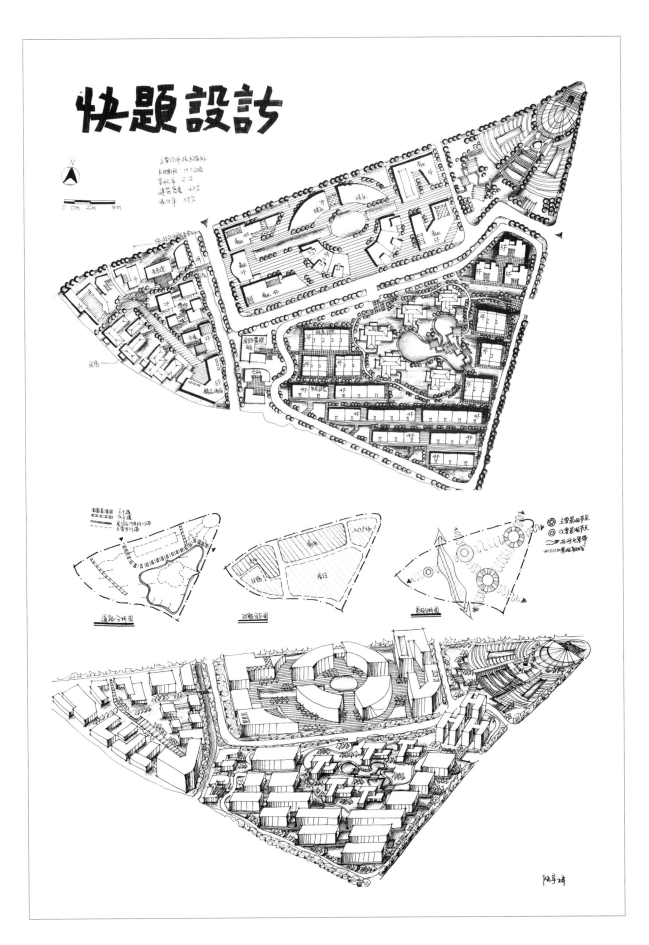

道路分析图　　　功能分区图　　　景观分析图

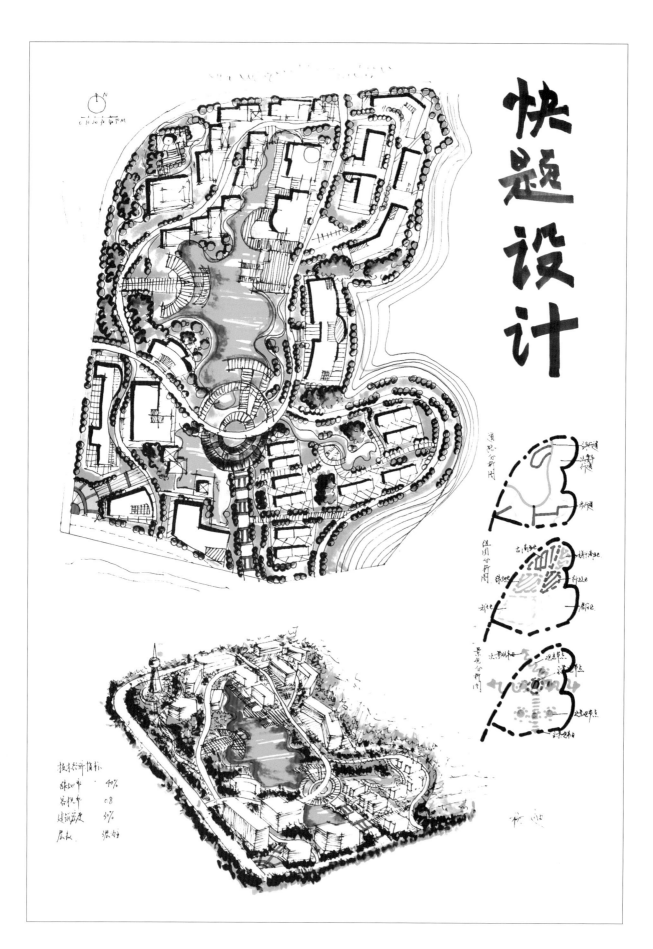

第十八天
「校园规划设计方案讲解」

校园规划是城市规划快题经常碰到的题型，校园规划要求考虑建筑物的基本功能比较多，如教学、体育、住宿等诸多功能建筑，但是同时需要考虑校园规划的受众，从幼儿园规划到大学校园规划区别很大。

校园风格与特色主要有：

1. 校园道路及绿化

道路设计主干道设计宽度为6m，次要道路设计宽为3m～4m，路边人行道的宽度为1.5m，以线形规整式道路为主，园路的宽度为1.2m～1.8m。整个学校规划中的园路，有规整、直线的方法，也有自由、曲线的自然方式，形成两种不同的风格。道路绿化以遮荫为主，行道树主要选用圆冠榆树、红榆、倒榆、大叶榆、橡子榆、山楂树、沙枣树、白蜡树、白杨树等。

2. 校园入口区

校园的入口位于学校西面，学校出入口是学校绿化的重点，在主道两侧，种植榆叶梅花、灌木及白蜡树，也可以种植开花美丽的大乔木，间植灌木；此处是学校向外界展示自我风采的窗口，所以整体绿化采用规整式布局，两侧文化墙展示校园的文化特色，体现学校庄严的风格、气氛。

3. 教学区

教学区的设计因考虑到此处为学生的主要学习及活动做操的场所，做到规范、整齐与自然式相结合，主体建筑周围的绿化突出安静、清洁的特点，形成具有良好环境的教学区。在靠近教学楼前面栽植了低矮灌木、宿根花卉、盆栽花植物，既满足了学生们日常做操的需要，也不至于因大面积硬化显得过于枯燥，给学生一种学而不累的景致。

4. 运动场

设计标准的运动场选择了学校南面，此地远离学习区，对学生们在校内的学习没有影响。在这个运动会中共设计了1个四百多米标准的塑胶跑道，1个塑胶足球场，1个篮球场，1个健身器械区，还有多个乒乓球台。满足不同学生锻炼身体的需要。

5. 绿化、美化

以绿为主，以宜人的树木与绿地相结合的特色来消除学子们的各种压力。创造宜人的室外学习环境，校园休闲绿地在以绿为主的基础上还注重体现艺术美、自然美和意境美，为创造出舒适优美的校园环境，植物选择与配置就显得尤为重要，植物栽植要避免过于杂乱，有重点、有特色，在统一中求变化，在丰富中求统一。植物的选择要注意适合当地条件，便于日后管理。

6. 停车场

在教学楼后面有一块闲置空地，刚好可以用建设一个长条型的停车场，随线路通配全楼；所有一级负荷均采用双电源供电，二路电源分别独立；低压系统采用放射式及树干式混合供电，对重要负荷或大容量电力负荷采用放射式供电，其余为树干式。

但是根据每套方案的具体条件，还要因地制宜地规划方案，特别是一些特殊院校，比如盲人学校、残疾人学院等还要仔细参考国家规范。

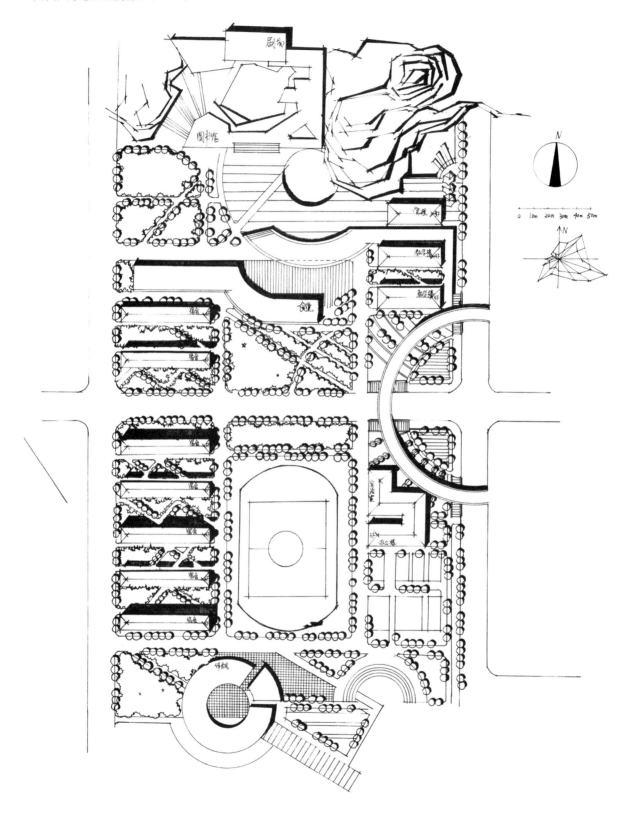

先确定方案的整体规划思路，先进行分区，然后确定交通，将交通和主要的结构线结合起来，确定画面的结构关系，确定建筑物的用途，然后确定景观的关系丰富景观，并且根据整体平面的高度确定投影关系，高度越高投影越宽，高度越低宽度越窄。

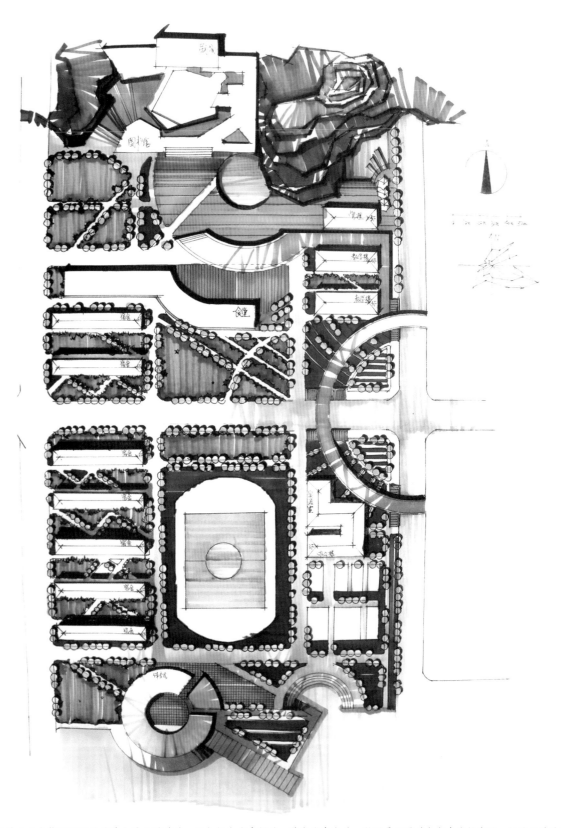

彩色平面上色能很客观地反映出平面的关系，比如绿色代表绿地，蓝色代表水系，所以平面图的色彩表达很直观，但是也关系到美学知识，要求平面图的色彩统一，如果画面的主色调为暖色调，那么就要求画面的一致性。在笔法运用上不要平涂，要快速运笔，并且按照平面图的结构顺序运笔，笔触要统一。

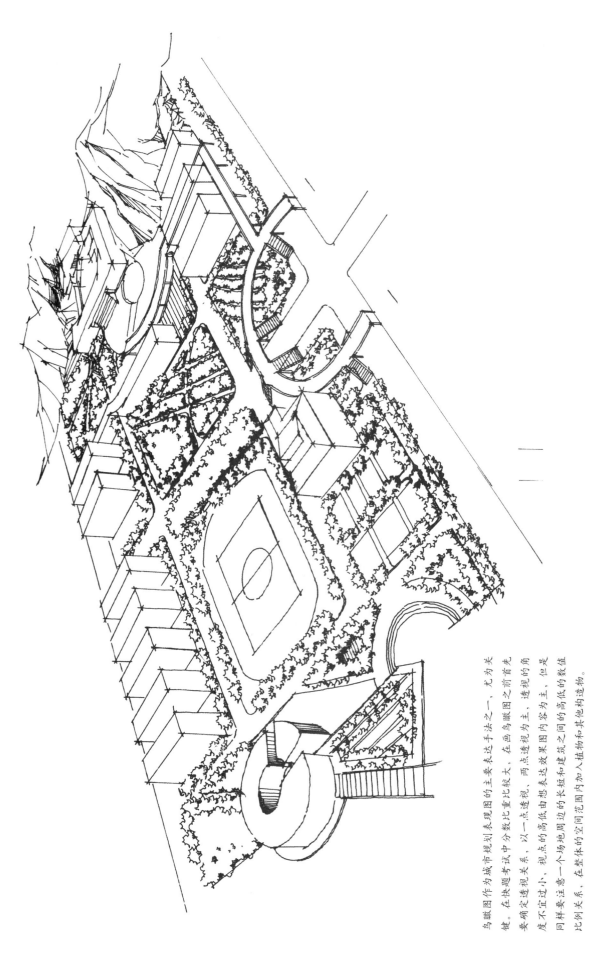

鸟瞰图作为城市规划表现图的主要表达手法之一，尤为关键。在快题考试中分数比重比较大，在画鸟瞰图之前首先要确定透视关系，以一点透视、两点透视效果图内容为主，透视的角度不宜过小，视点的高低由想表达效果图内容为主，但是同样要注意一个场地周边的长短和建筑之间的高低的数值比例关系，在整体的空间范围内加入植物和其他构造物。

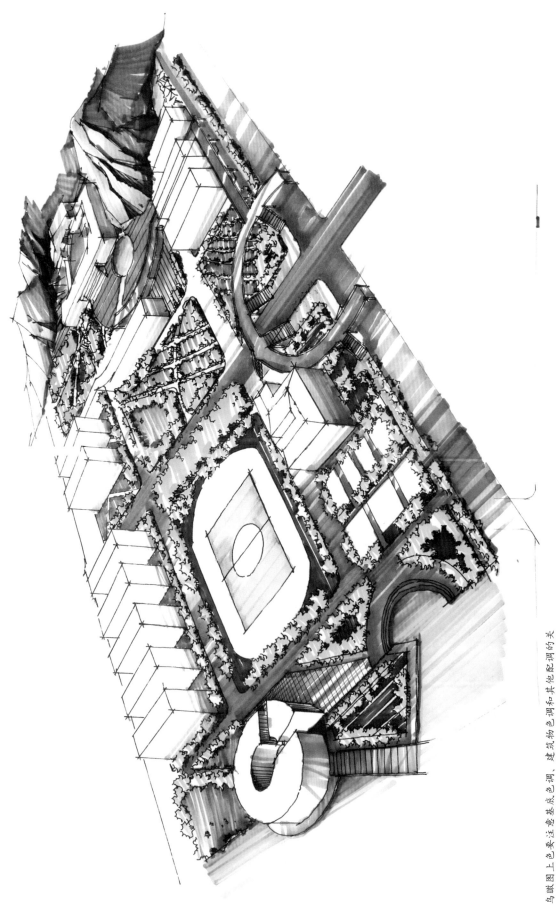

鸟瞰图上色要注意意基底色调，建筑物色调和其他配调的关系，要求在上基底色调的时候要有前后关系，前后的轻重色彩处理可以很好地处理空间感，在配调上也应该注意意前后关系，同时也应该注意意处理建筑物本身的关系、建筑物的立面关系。

第十九天
「城市综合体设计方案讲解」

多功能城市综合体的概念从 20 世纪 60 年代末期到 70 年代中期开始盛行，这些综合体在单个建筑内实现了居住、办公、娱乐、文化等多功能的融合。

所有已实施的城市综合体的相同之处在于垂直方向上的城市功能混合（居住、酒店、商业、娱乐、文化等）以及与交通体系的有机结合（通常以地下轨道交通的形式）。

城市综合体一般指建筑综合体在拥有更多城市特性和城市公共空间的同时各组成功能之间，如城市各功能之间具有相互协调、共生、互补关系的综合体，内部功能协同、高效，空间紧凑多样，表现出极大的生命力和充沛的发展潜能。

城市综合体的功能和技术要求较为复杂，将多种不同功能布局的建筑组合在同一建筑内，需要考虑各种功能布局，科学合理组织引导不同人流，还须考虑其相应的停车、人防、设备等有关方面问题。在城市化过程中，城市综合体营造城市新的商务、商业中心区，打造城市新地标，创造城市活力之源的商业综合体和居住街区，创造充满活力和积聚人气的市民文化活动广场，同时，在避免城市中心空洞化，减少城市通勤交通压力等方面起着重要作用。

城市综合体一般选址于城市中心区，大致可分为两类：一类是为复兴旧城中心区或旧街区核心地段而建的城市综合体；另一类是在新的城市中心区的城市综合体。诸如在城市副中心、CBD、核心地段等。

城市综合体由于功能齐全，方便居民生活，布局紧凑，节约用地等因素，建成后能很快带动周边地区的发展，提高地块的商业价值，因此城市综合体在城市有很大的发展空间。在设计前期首先应在设计定位上确定商业形式、规模、上部功能，对整体的策划和平面进行综合设计，以减少投资失误，提高效益。

为了满足城市容量增长的需求，作为城市重要的核心区域，城市综合体的立体化发展趋势越发明显，例如城市交通系统中不同交通方式的立体切换，建筑跨越交通路线形成整体群组，城市广场高抬或下沉以改善高空和地下的环境质量，自然要素、生态景观与建筑、交通、市政设施的上下层叠等。城市的运作不是二维模式所能完全充当主体的，更不应该是城市人活动基面二维平面的建构。立体与三维意味着联络与交流的多维化与多通道性，更意味着解决问题途径的多样化，综合体的立体化是效能发挥的有利条件，也是能提高集约化容量与效能的充分条件。

城市综合体建立在立体城市设计方法的基础之上，成为城市集约化发展中的一个典型现象，主要是建筑的处理运用城市设计的手法，将城市要素与城市建筑利用合理的方法结合在一起，使城市功能在建筑之上得以实现。城市综合体的立体化主要是指城市基面的立体化。城市基面包括绿化基面、交通基面、城市公共活动基面以及建筑设施基面，等等。立体化的城市机制形态就构成了达到城市集约化功效目的的物质基础。

城市综合体设计要点

①项目拥有标志性的建筑，更智慧、更具创新性、更城市化。

②内部功能合理分布，相互关联。

③保证内部动线及与城市交通系统的有机衔接，理解并回应具有活力的社会与已建成环境间的关系。

④不仅强调建筑设计，还应考虑内部空间设计，增进对高品质生活与已建成环境间关系的理解，创造具有吸引力的高品质体验。

⑤坚持可持续性的规划与建筑思想，为全球快速增长且日趋城市化的人口提供经济节约型综合体项目

的责任。

到了第十九天要求包括设计方案能够明确（定位，定性，定量）、整体设计方案结构规划系统（外部练习，内部练习）、整体方案系统设计（道路交通，建筑群体，绿化景观）、图纸表达（内容完整，表达准确）。

衡量一个方案设计的水平主要的体现在以下几个方面：一、知识的丰富度（观念知识，规划知识，建筑知识，外部环境知识）；二、能力的要求（分析研究能力，综合概括能力，空间塑造能力，图面表达能力）；三、应试能力（基础知识的熟悉度，基本能力的掌握度，考试准备的充分度）。

案例分析：

本案位于华东某城市教师公寓，用地面积 3.68 公顷，建筑面积 5 万平方米，东面与北面相接城市公路，南邻城市河流。

组团式布局与现状地形相结合，采用混合式交通网结构，建筑排布充分适应地形与路网形态。

将南面水系延伸至主场地之中，水系景观穿插至主要建筑组团分割出若干景观区域，使得场地结构节奏感强，统一中求变化。

公共建筑造型活泼多变，规划位于中心景观区域，与中心景观自然亲和的设计形式相呼应。

东北角绿地为社区内居民公园，同时作为社区与城市道路的缓冲地带，隔音、降噪。

绿地与乔灌木统一上色，建筑注意留白，处理好场地边界。

确定方案的整体规划思路，进行分区，确定交通，将交通和主要的结构线结合起来，确定画面的结构关系，确定建筑物的用途，丰富景观，并且将水系和景观解决好，注意处理环境关系。

平面上色绿色代表绿地，蓝色代表水系，所以平面图的色彩表达很直观，但是也关系到美学知识，要求平面图的色彩统一，如果画面的主色调为暖色调，那么就要求画面的一致性。在笔法运用上不要平涂，要快速运笔，并且按照平面图的结构顺序运笔，笔触要统一。

鸟瞰图作为城市规划表现图的主要表达手法之一，尤为关键。在快题考试中分数比重比较大，在画鸟瞰图之前首先要确定透视关系，以一点透视、两点透视为主，透视的角度不宜过小，视点的高低由想表达效果图内容为主，但是同样要注意一个场地周边的长短和建筑之间的高低的数值比例关系，在整体的空间范围内加入植物和其他构造物。

鸟瞰图上色要注意基底色调、建筑物色调和其他配调的关系，要求在上基地色调的时候要有前后关系，前后的轻重色彩处理可以很好地处理空间感，在配调上也应该注意前后关系，同时也应该注意处理建筑物本身的关系、建筑物的立面关系。

分析图是方案不可或缺的部分，对于方案的合理性有着掌控的能力，它与效果图是同步的关系，但是很多同学忽略了分析图的重要性，应该加强。

城市综合体与多功能建筑的差别在于，多功能建筑是数量与种类上的积累综合，这种综合不构成新系统的产生，局部增减无关整体大局。而城市综合体则是各组成部分之间的优化组合，并共同存在于一个有机系统之中。

　　本方案轴线空间明确，有较强的序列感，建筑布局疏密有致，构思清晰，表达完整，在绘图制作上，线条细致、层次分明。

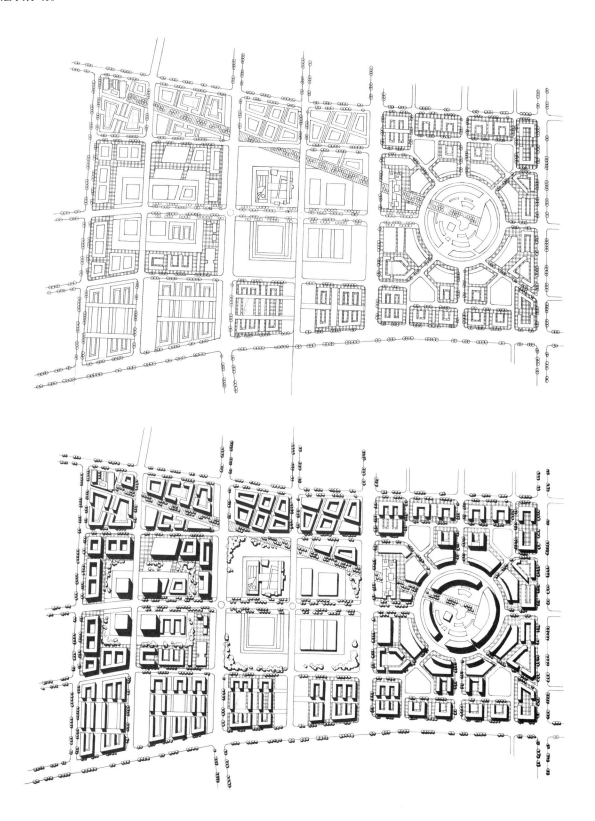

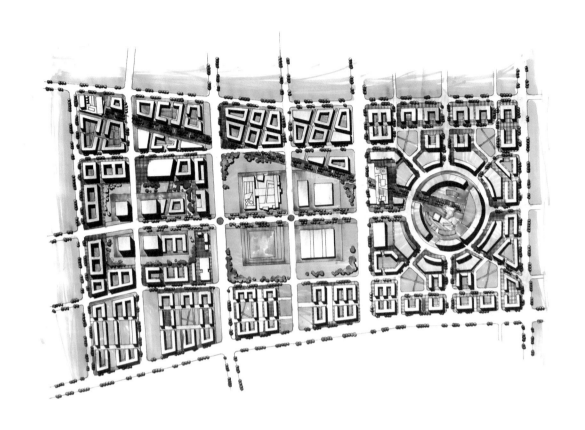

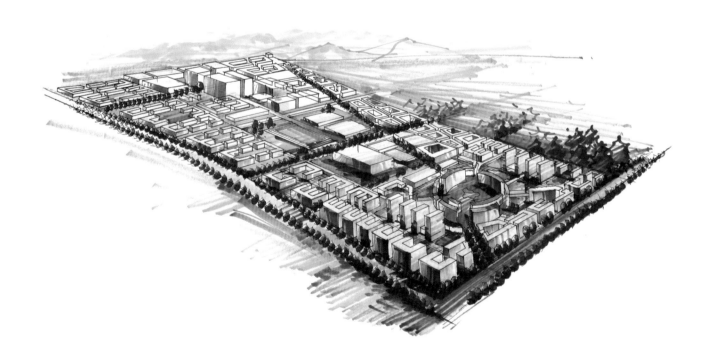

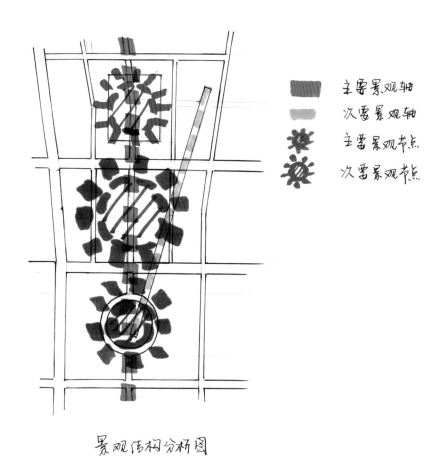

主要景观轴

次要景观轴

主要景观节点

次要景观节点

景观结构分析图

一级道路

二级道路

三级道路

人行

交通系统分析图

商业综合区

商业综合区

区   区

行政办公区

集散区

功能分析图

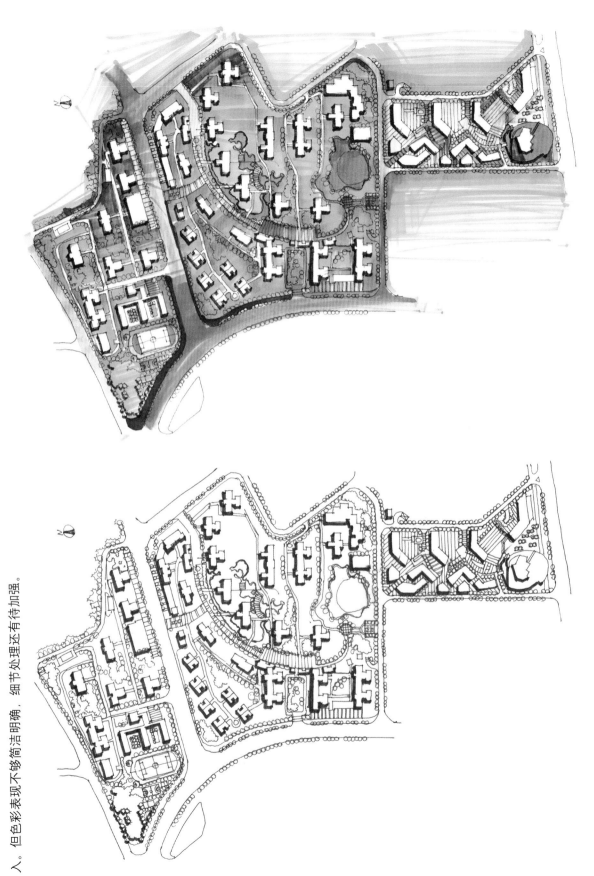

该方案整体结构清晰，商务公共建筑集中布置并设计考虑了城市水体的引

入。但色彩表现不够简洁明确，细节处理还有待加强。

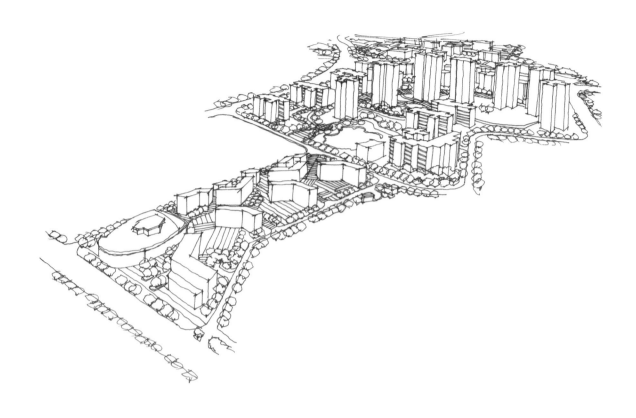

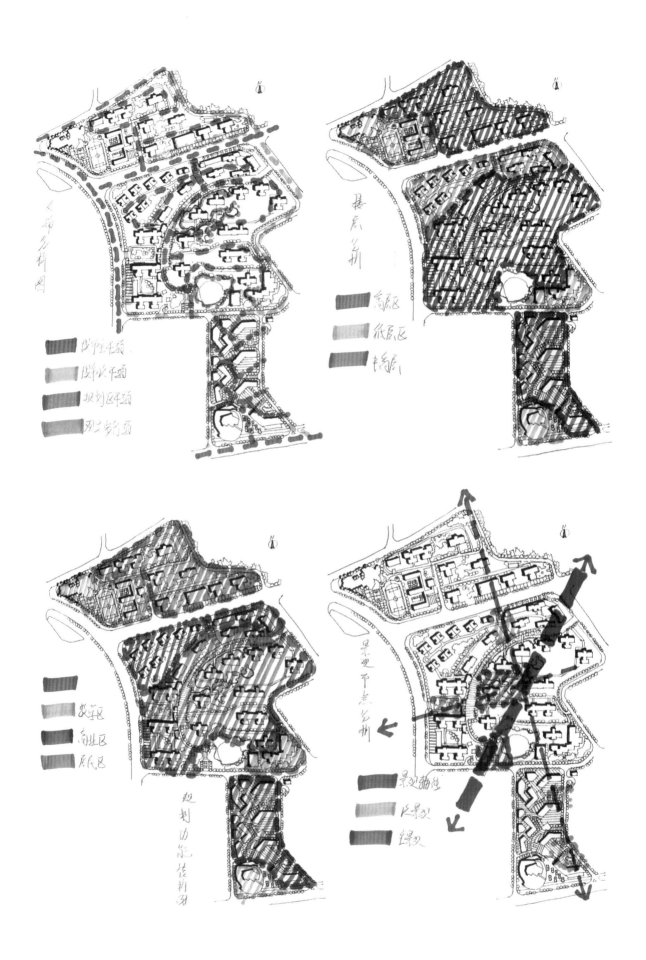

第二十天
「滨水城中心组团设计方案讲解」

城市中心区是城市公共活动体系的核心，是城市政治、经济、文化等公共活动最集中的地区。城市中心区是一个综合的概念，是城市结构的核心地区和城市功能的重要组成部分，是城市公共建筑和第三产业的集中地，为城市和城市所在区域集中提供经济、政治、文化社会等活动设施和服务空间，并在空间上有别于城市其他地区。它包括城市的主要零售中心、商务中心、文化中心、政治中心、信息中心等，集中体现城市的社会经济发展水平和发展形态，承担经济运作和管理功能。

1. 大城市中心区的用地结构特性

中心区事务和商业活动的高度密集性，土地利用强度高，产生了大量的"向心"交通。在市场经济条件下，中心区的零售商业迅速增长，商业区范围扩大，商业建筑密度加大，金融和商业机构向市中心集中。

中心区产业结构的显著特点是由第二产业向第三产业转化，吸引和发生了大量的因第三产业而引起的

非工作出行。人口密度大，人均用地少，用地价格高，基础设施建设一次性投入花费昂贵。中心区用地布局大致已定，很多用地因为各种不同的原因不能用来进行道路设施建设，限制了基础设施的进一步发展。

2. 大城市中心区的交通特性

出行吸引力较强，相对可达性高。中心区是社会经济活动高度密集的地方，既有较强的吸引力，又有很强的辐射力，各种交通服务设施相对齐全。交通流量大，交通方式复杂。中心区拥有大量的工作岗位、商业、娱乐场所、办公楼，这些公共设施的交通吸引力强，同时，由于交通枢纽的位置，有大量的人流、非机动车、机动车在此经过，交通构成复杂，组织混乱。城市中心区用地紧张，交通建设用地面积小。

该方案路网结构简洁，轴线空间富于变化，水域布置合理，居住组团空间感受良好。方案能较好地体现方案设计意图，上色和细节刻画可以更加细致。

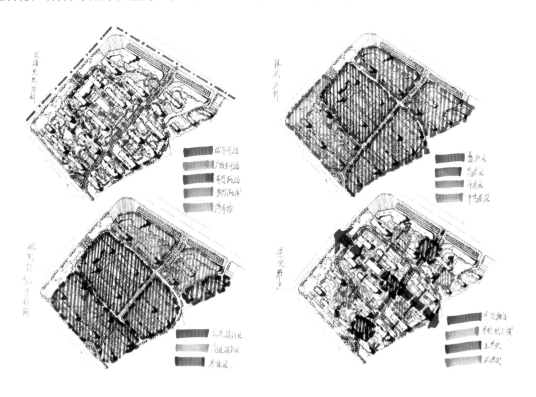

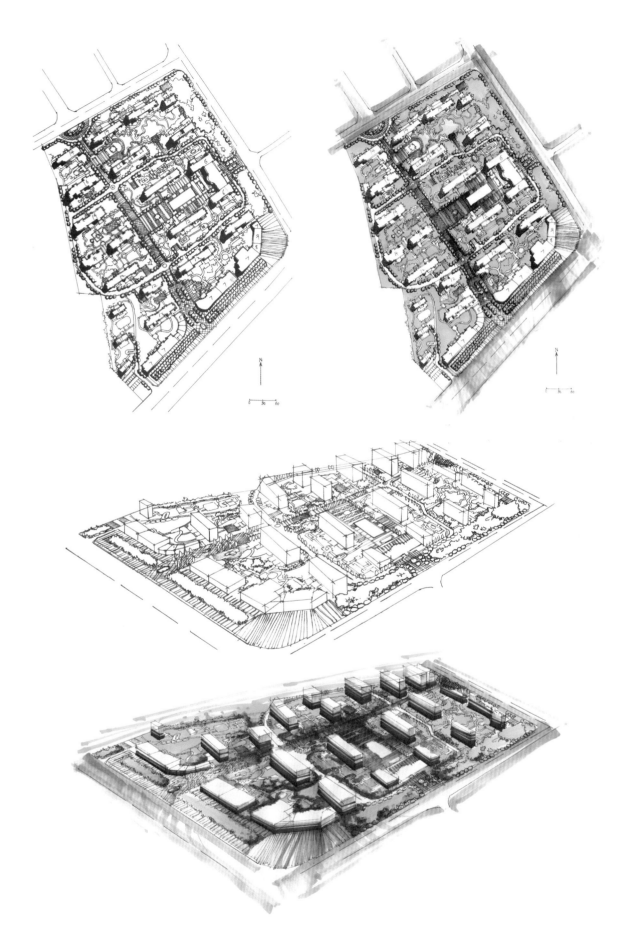

该方案整体结构清晰，商务等公共功能建筑集中布置，各组团之间既相互独立又有空间上的相互联系，设计考虑了城市水体的引入。方案表现上布局紧凑，整体效果好，徒手线条基本功较强，广场地面及绿化表现简洁生动。

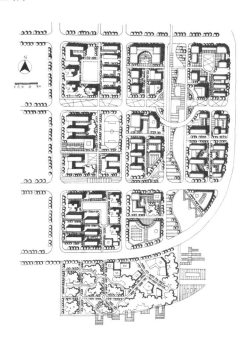 

网格式道路加强了整体方案的结构关系，曲线的水岸关系为网格关系增加了几分柔和，刚柔结合，使景观更为丰富。建筑物的围合关系比较整齐，步行系统和水岸沿线处理得比较好。

彩色平面图色彩运用了较为灰色的色调，重点突出水系沿岸的景观带，画面重点突出。

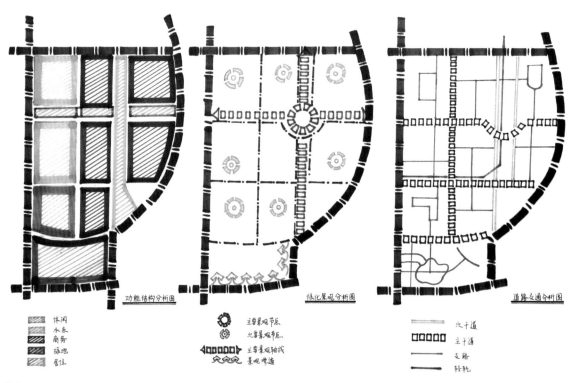

分析图

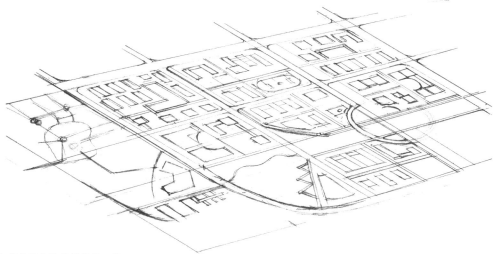

鸟瞰图的前期步骤，先确定两点透视的关系，视
点从能突出景观处着手，高大建筑作为背景处
理，比较妥当，同时将道路作为主要的结构分隔
线确定好。

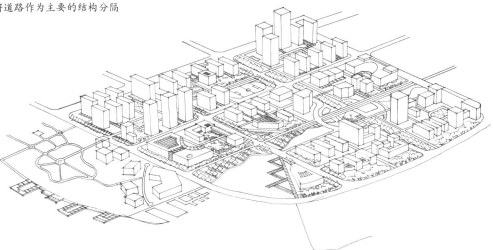

确定鸟瞰图的线稿，根据平面数据确定高差，以
及建筑物的立面关系和其他细节，最后确定投影
关系。

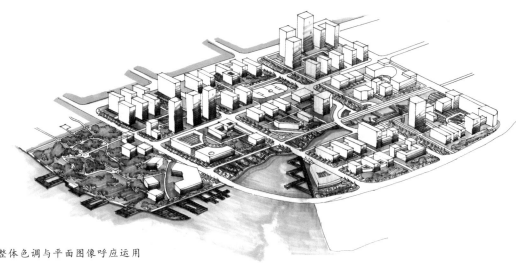

鸟瞰图上色，将整体色调与平面图像呼应运用
了比较灰的色调，将主要的景观色彩提亮，突
出重点。

该方案的亮点在于建筑物和周边环境的处理比较好，建筑物的设计新颖，地面景观和建筑相呼应，水系、建筑、交通，很好地成为一个共同的空间关系。

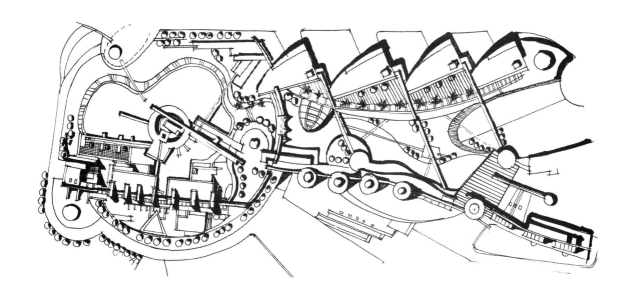

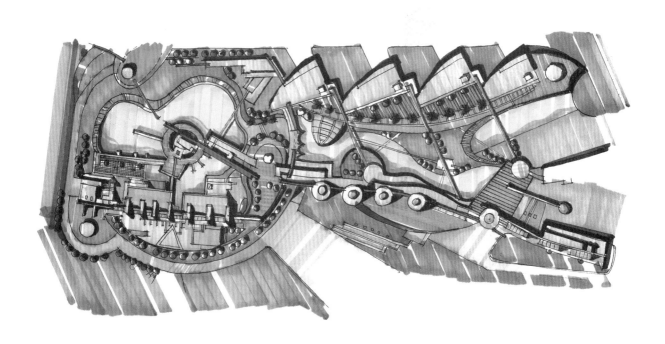

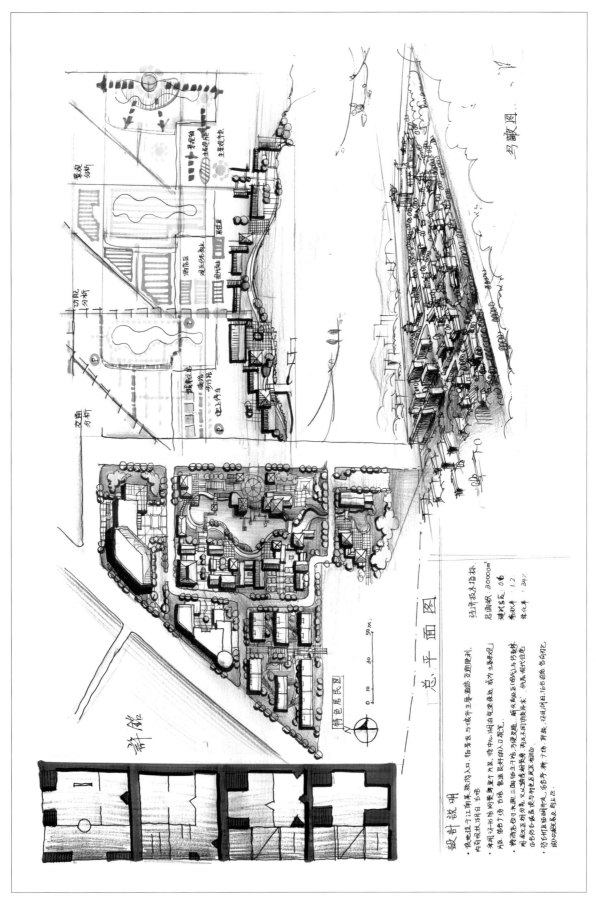

该方案功能布局较为合理，不同功能的建筑集中布置，考虑了水体的引入和滨水空间的设计，但各地块建筑类型差异大，减弱了方案整体性。

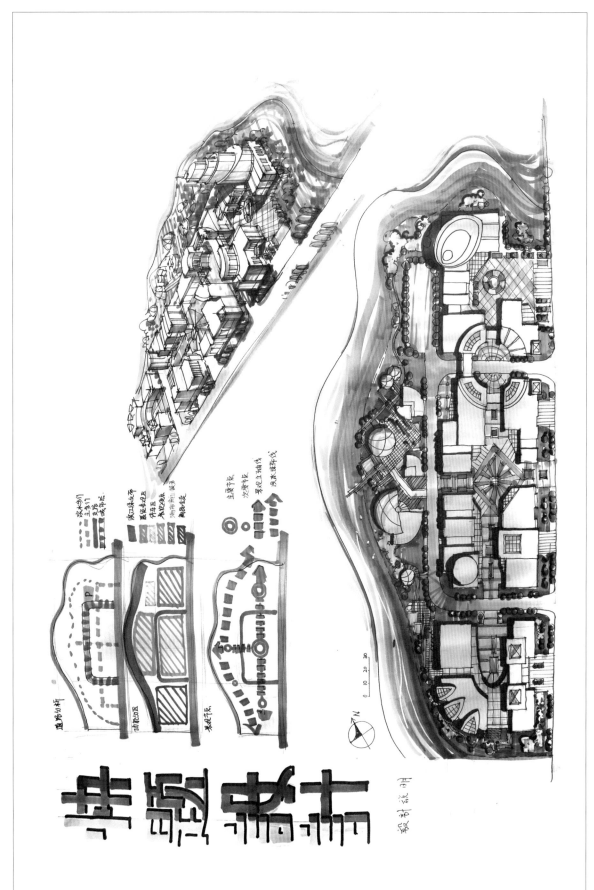

该方案利用轴线组织各组团空间、内部道路组织合理，实现人车分流，依托滨水空间组织城市休闲绿地。方案表现用色较为稳重，在平面图表现中可以适当辅以亮色，避免轴线空间颜色过重。

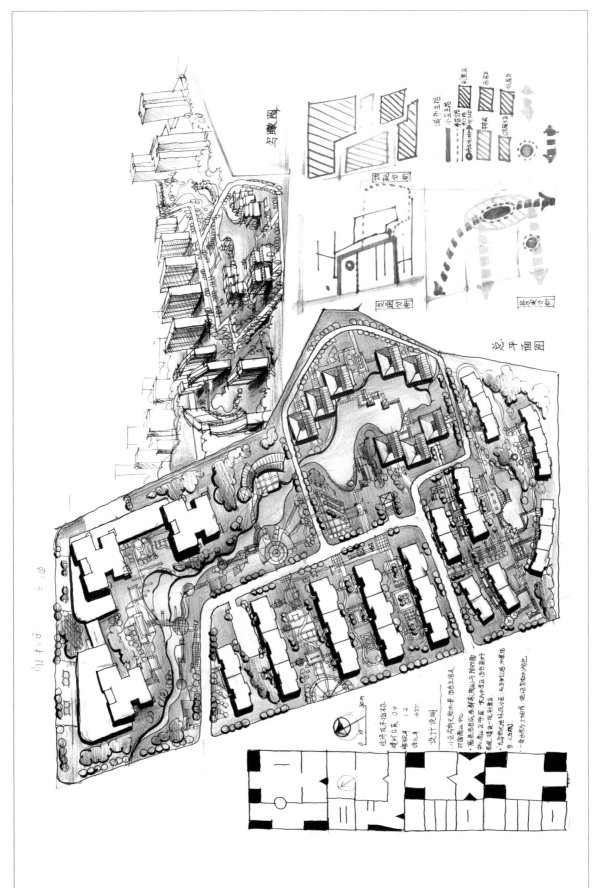

鸟瞰图

城市主路　小区道路
　本区绿化
　■ 高层区
　中庭　　高层区
　景观节点　　低层区
　公共空间　　低层区

用地功能分析

交通分析

层数分析

总平面图

设计及技术指标
建筑层数　04
容积率　　12
绿化率　　43?

设计说明
小区内有天然水景，形成主人口
对面商业街。
高层在沿街形式展示风格与总体商业
中心以尽可能不影响总体的趋势。
整体远望达一北别致
8 入水景观。
几层形式满足不同需求，与中间绿地水景形
合力景观主人口氛围，使达到内部的氛围。
一条水系为道阀。

0 10 30m

方案结构清晰，建筑形态统一，水体的引入较为合理，滨水空间设计细致。不足之处是建筑表达较为简单，居住空间单调，北面建筑尺度过大。

参考文献：

1. 陈有川、张军民．《城市居住区规划设计规范》图解．机械工业出版社，2010

2. 吴志强、李德华．城市规划原理（第四版）．中国建筑工业出版社．2010

3. 刘红丹．园林景观手绘表现．基础篇．辽宁美术出版社，2013

4. Asad Shaheed，焦民编著：汪蓓，缪秋思译．合乐在中国的规划创新与实践（2002—2012）．安徽科学技术出版社，2013

5. 龙志伟．出规划策．广西师范大学出版社，2014

6. 安基国际传媒．TOP2013未来规划

7. 张文忠．公共建筑设计原理（第四版）．中国建筑工业出版社，2008

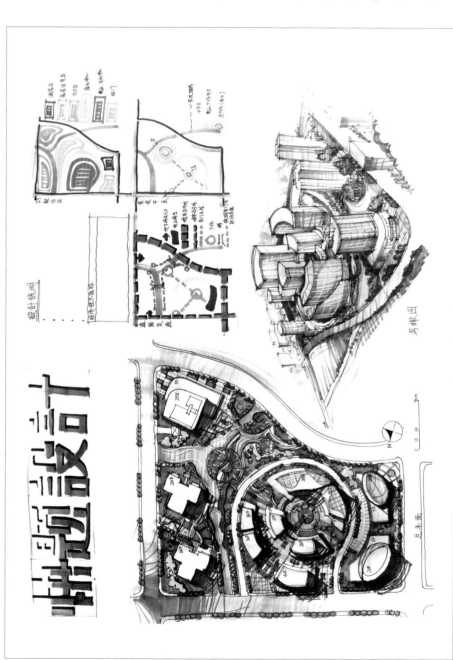

城市景观设计

方案结构清晰，表达准确，但竖向考虑不佳，建筑物的高度和密度之间不是十分合理，须再考虑。